Stefan Luppold (Hrsg.)

INNOVATION UND CHANGE
MANAGEMENT-ANSÄTZE FÜR MESSEVERANSTALTER

Stefan Luppold (Hrsg.)

INNOVATION UND CHANGE

MANAGEMENT-ANSÄTZE FÜR MESSEVERANSTALTER

WFA MEDIEN VERLAG

Bibliografische Information der Deutschen Nationalbibliothek
Die Deutsche Nationalbibliothek verzeichnet diese Publikation in der Deutschen Nationalbibliografie; detaillierte bibliografische Daten sind im Internet über http://dnb.dnb.de abrufbar.

ISBN Paperback: 978-3-946589-03-7
ISBN Hardcover: 978-3-946589-04-4
ISBN E-Book: 978-3-946589-05-1

WFA Medien Verlag | Patrick Haag, Uhlandstr. 65, 71299 Wimsheim

www.wfa-medien-verlag.de

Vorwort des Herausgebers

In den vergangenen Jahren hat sich – erneut – gezeigt, wie wichtig die Messewirtschaft für unsere nationale Ökonomie ist. Da gibt es zwei Perspektiven:

Die des eigenen wirtschaftlichen Sektors mit Messeveranstaltern, Messegeländen, in der Funktion als Arbeitgeber, Steuerzahler, Investor, als Wirtschaftsförderer und Motor für Umwegrentabilität.

Und die des Schaufensters der Region, des Marktplatzes für innovative Unternehmen und Produkte, als Drehscheibe für Marktzugang und Markterweiterung.

Dazu tragen wir an den Hochschulen auch mit kleineren wissenschaftlichen Projekten, etwa im Rahmen von Seminar-, Bachelor- oder Masterarbeiten, bei.

Der Studiengang „Messe-, Kongress- und Eventmanagement" an der DHBW (Duale Hochschule Baden-Württemberg) Ravensburg ist dabei Vorreiter. Dies liegt einerseits am Konzept, an der Konstruktion des Studiums:

Studenten entwickeln sich im Spannungsverhältnis von Theorie und Praxis, erkennen die Bedeutung von Modellen und Instrumenten wie auch deren Grenzen im beruflichen Alltag. Andererseits spielen uns unsere dualen Partner, darunter viele Messegesellschaften und Messeveranstalter, ihre relevanten Problemstellungen zu; wir wissen also recht umfänglich, was die Branche bewegt, wo es Erkenntnisbedarf gibt und welche Felder wir im Kontext unserer Lehre besonders betonen müssen.

Über die Begriffe „Innovation" und „Change" sprechen wir in verschiedenen Lehrveranstaltungen und Seminaren. Die Beschäftigung mit der Geschichte der deutschen Messewirtschaft zeigt bereits das auf, was sich über die Jahrhunderte an Wandel und Konstanz ergab, was an Neuem und Altbewährtem daraus entstanden ist.

Dieser Rückblick zeigt Studenten schon im ersten Semester, dass dies eine Branche ist, deren Erfolge sich jeweils auch dadurch ergeben, dass wir sie weiterentwickeln – in manchen Fällen durch die Märkte gesteuert, in vielen Fällen jedoch auch durch langfristig ausgerichtete Führung (strategisches Management) und die Bereitschaft, neue Ansätze und Instrumente anzuwenden.

Viele dieser Ansätze und Instrumente kommen nicht direkt aus der Messewirtschaft oder sind nicht explizit für sie entwickelt worden. Sie müssen adaptiert und dadurch interpretiert werden – eine intellektuelle Leistung, der sich Studenten in der Regel in ihren Abschluss-Arbeiten widmen. Recherche und Analogienbildung, aber auch das Gespür für die wirkliche Problemstellung und die die eigene Untersuchung leitenden Annahmen, ganz am Anfang solcher Projekte, sind es, die dann greifbare und gleichzeitig wertige Ergebnisse liefern.

Mit dem vorliegenden zweiten Band der „Studienreihe Messemanagement" gelingt es, die hervorragenden Abschlussprojekte von fünf jungen Akademikern als aktuelle Ergebnis-Dokumentation all denen zur Verfügung zu stellen, die sich mit internen und externen Herausforderungen in der Messewirtschaft beschäftigen.

Ob nun das ganzheitliche Gerüst für eine Produktinnovation – die Entwicklung einer Machbarkeitsstudie für eine Messe-Idee, ob der Einsatz einer neuen und aus der Digitalwirtschaft stammenden Organisations-Methode oder der Onboarding-Prozess als personalpolitisches Instrument, ob die Nachhaltigkeit in allen Dimensionen implementiert oder die Herausforderung von digitalen und hybriden Messeformaten:

Alle fünf Beiträge inspirieren zum Nachdenken über Veränderung und Verbesserung, über die Reflexion des eigenen Handelns. Und zeigen, welches Potenzial die Generation, die in diesen Tagen die Hochschulen verlässt, uns und der Messewirtschaft bietet!

Besonders bedanken möchte ich mich bei den fünf Autoren, die aus recht umfänglichen Abschlussarbeiten vollwertige Kurzfassungen erstellt haben. Dieses Destillat gibt uns auch Hinweise auf weiterführende Literatur.

Mein Dank gilt ebenfalls dem FAMA Fachverband Messen und Ausstellungen. Durch den im Jahr 2013 zum ersten Mal ausgelobten „Messe-Impuls-Preis" entstand die Idee, die exzellenten Einreichungen einem größeren Kreis zugänglich zu machen - was, in Form dieser Publikation, nun erneut umgesetzt werden konnte. Vorstand und Geschäftsführung zeigen sich damit, einmal mehr, als dem Branchen-Nachwuchs verpflichtet!

Und schließlich ein Dankeschön an den Verlag, der mit seinem Support die Autoren und mich als Herausgeber durchgängig unterstützt hat.

Prof. Stefan Luppold
IMKEM Institut für Messe-, Kongress- und Eventmanagement

Vorwort

Ob sich die Messewirtschaft, wie prinzipiell alle anderen Wirtschaftsbereiche, eher disruptiven oder lediglich rasant evolutionären Veränderungsszenarien gegenübersieht, kann vortrefflich diskutiert werden. Unstrittig ist, dass es keinen zukunftsorientierten Messeveranstalter gibt, der seine Geschäftsmodelle nicht auf den Prüfstand stellt. Auf Blaupausen kann in den sich vollziehenden Veränderungsprozessen aktuell niemand zurückgreifen.

Frische Ideen und unkonventionelle Denkweisen sind zurzeit besonders wertvoll. Spannende Impulse findet die Messebranche dazu in den Reihen des Berufsnachwuchses, der Young Professionals und insbesondere unter den Absolventen der Dualen Hochschule. Der FAMA e.V. sieht sich als Berufsverband in besonderer Weise gefordert, junge und ideenreiche Köpfe in Theorie und Praxis zu fördern und zu unterstützen. Auch der Beitrag des Messe-Impuls-Preis-Trägers Florenz Meier „Nachhaltige Messen - Entwicklung eines Umsetzungs- und Vermarktungsmodells“, der die Jury überzeugen konnte, ist in diesem Sammelband enthalten.

Gerade in den Bereichen der Strategie und des (New) Business Devolpments, des Projektmanagements, der Verzahnung zwischen Live- und Online-Kommunikation, des Recruitings und der Personalentwicklung wie auch der angemessenen Implementierung des Nachhaltigkeitsgedankens in Geschäftsmodelle stellen sich basale Fragen.

Die vorliegenden Artikel der Absolventen der DHBW Ravensburg leisten allesamt einen wertvollen Beitrag, um die wichtige Diskussion in den jeweiligen Feldern auf fundierten Pfaden zu führen. Mögen die Autorinnen und Autoren auch den Raum und die Möglichkeit erhalten, ihre Gedanken, Modelle und Innovationen in der Praxis zu erproben und weiterzuentwickeln.

Ganz im Sinne der Systemtheorie ist die Weiterentwicklung und das Überleben eines Systems (auch des Kommunikationssystem ‚Messe‘) daran gekoppelt, ob bei aller Selbstreferenzialität – und die ist in der deutschen Messebranche besonders ausgeprägt – hinreichend starke Impulse aus der Systemumwelt integriert werden können. Nur dann werden die notwendigen Anpassungen stattfinden.

Diese Integrationsleistung wird auch durch junge Menschen geleistet, die noch in besonderem Maße in der Lage sind, unkonventionell, grenzübergreifend und ‚out of the box' zu denken.

Carola Schwennsen
Christoph Hinte
Fachverband Messen und Ausstellungen

Inhaltsübersicht

Kurzfassungen

Business Development
Die Bedeutung und Inhalte der Machbarkeitsstudie vor der Entscheidung über die Realisierung eines neuen Messekonzepts

Um den Fortbestand einer Messegesellschaft und deren Wachstum zu sichern, stehen Veranstalter vor der Herausforderung Markttrends zu erkennen und somit neue Messethemen zu entwickeln und bestehende Veranstaltungskonzepte an die Veränderungen im Markt anzupassen. Insbesondere bei der Entwicklung neuer Messethemen liefert die Marktanalyse wichtige Erkenntnisse: Die Betrachtung der wesentlichen Stakeholder und anderer Aspekte (z. B. die Wahl des geeigneten Standortes) im Rahmen einer Machbarkeitsstudie sind hilfreich, um eine Entscheidung darüber treffen zu können, ob ein Messekonzept rentabel und realisierbar ist. Der vorliegende Beitrag beschäftigt sich mit dem methodischen Vorgehen für die Durchführung einer solchen Marktuntersuchung sowie eines beispielhaften Business Case, der die gewonnenen Ergebnisse quantifiziert.

Scrum in der Messewirtschaft
Ein Ansatz zur Implementierung der Scrum-Methode in die Messeorganisation

Ursprünglich zur Fertigung komplexer Softwarelösungen entwickelt, ist Scrum heutzutage auch im Projektmanagement als agiles Tool nicht mehr wegzudenken. Ken Schwaber und Jeff Sutherland, die Erfinder der Scrum-Methode, sehen sie als Grundgerüst und fördern die branchenübergreifende Anwendung. Daher soll Scrum in diesem Beitrag in die Organisation von Messen eingebunden werden. Die sonst von Natur aus innovative Messeindustrie zeigt sich im Organisationsprozess bis heute nicht sehr erfinderisch. Grund genug, hier mit Scrum den GANTT-Charts und Checklisten Konkurrenz zu machen.

Die virtuelle Messe als Herausforderung
Eine kritische Gegenüberstellung mit klassischen Veranstaltungen

Ständige technologische Weiterentwicklungen verändern die Märkte und immer mehr kann bequem über das Internet erledigt werden. Gleichzeitig stehen Messen als sehr ressourcenintensives Marketinginstrument im Mittelpunkt, und auch hier gibt es mit der virtuellen Veranstaltung eine einfache Online-Alternative. Zweck dieser Arbeit ist es, das Potential virtueller Messen zum gegenwärtigen Zeitpunkt zu untersuchen und anhand dessen die Zukunftsperspektiven der klassischen Messeveranstaltung zu beurteilen.

Onboarding bei Großveranstaltungen
Besonderheiten der Integration und Einarbeitung neuer Mitarbeiter

Die ersten Tage und Wochen in einem neuem Arbeitsverhältnis entscheiden maßgeblich über die Fortführung der weiteren Zusammenarbeit sowie den letztlichen Projekterfolg: Gerade in der Veranstaltungsbranche besteht eine hohe Abhängigkeit der Produktqualität von den Mitarbeitern. Den Grundstein hierfür legt das Onboarding. Es bezeichnet die strategische Gestaltung der Anfangsphase einer neuen Beschäftigung und umfasst die gezielte Einarbeitung und Integration neuer Mitarbeiter.

Das Onboarding bei Großveranstaltungen unterscheidet sich - bedingt durch einen temporären Beschäftigungsanfall verbunden mit spezifischen Organisationsstrukturen - wesentlich von einem klassischen Business Umfeld.

Im Rahmen des Beitrags werden die Gestaltungsprobleme dieses Sonderfalls der Einarbeitung herausgearbeitet sowie ein strategischer Lösungsansatz entwickelt.

Nachhaltige Messen
Entwicklung eines Umsetzungs- und Vermarktungsmodells

Nachhaltigkeit hat sich zunehmend zu einem wichtigen Thema in der MICE-Branche entwickelt. Nach Aussage von Joachim König, dem Präsidenten des Europäischen Verbands der Veranstaltungs-Centren e. V. hat die MICE-Branche mit jährlich mehr als drei Millionen Veranstaltungen und über 370 Millionen Teilnehmern in Deutschland einen großen Einfluss auf die Umsetzung von Nachhaltigkeitsmaßnahmen."

Dieses Kapitel fokussiert sich auf mögliche Nachhaltigkeitsmaßnahmen in der Messewirtschaft. Doch wie können Messeveranstalter analysieren, ob sich ihre bestehenden oder zukünftigen Messeprojekte für die Umsetzung und Vermarktung als nachhaltige Messen eignen? Und welcher Mehrwert könnte hieraus entstehen? Eine geeignete Methode bietet das in diesem Kapitel entwickelte Modell zur Umsetzung und Vermarktung von nachhaltigen Messen.

BUSINESS DEVELOPMENT

DIE BEDEUTUNG UND INHALTE DER MACHBARKEITS-STUDIE VOR DER ENTSCHEIDUNG ÜBER DIE REALISIERUNG EINES NEUEN MESSEKONZEPTS

Camille Kehr

Inhaltsverzeichnis

Abbildungsverzeichnis

1 Einleitung

„Die wichtigste Voraussetzung für den Fortbestand einer Messegesellschaft ist, künftiges Wachstum zu sichern: Durch Aufspüren von Marktlücken, Produktvariationen und Entwicklung neuer Produkte sowie durch Etablierung neuer Leistungsbereiche im Wettbewerbsumfeld.“[1]

Dienstleistungen und Messethemen verändern sich aufgrund gesellschaftlicher und technischer Entwicklungen sowie neuer Trends, sodass sich einstmals erfolgreiche Messethemen in ihrem Produktlebenszyklus in der Sättigungsphase befinden und deren Rentabilität abnimmt. Die Herausforderung von Messeveranstaltern besteht darin, Trends verschiedenster Branchen zu entdecken und ständig zu beobachten und bestehende Messethemen inhaltlich anzupassen oder neue Messekonzepte zu entwickeln.

Bei der Trendbeobachtung rücken für einen Veranstalter folgende beiden Ziele in den Fokus: Die Erreichung von ökonomischen Zielen (z. B. Gewinn- und Umsatzziele, Auslastung der Geländekapazitäten) sowie von psychographischen Zielen (z. B. Bekanntheitsgradziele, Imageverbesserung einer Messeveranstaltung) sind Motive zur (Weiter-)Entwicklung eines neuen Messekonzepts. Die Interdependenz zwischen beiden Zielen ist hoch: Ein Beispiel für diese „Mittel-Zweck-Beziehung“[2] ist, dass es nur durch einen hohen Bekanntheitsgrad der Messe möglich ist, hohe Besucherzahlen zu erreichen. Dadurch werden die Umsatz- bzw. im Idealfall auch die Gewinnziele erreicht.[3]

Unabhängig von dem auslösenden Grund ein neues Messekonzept zu verwirklichen, empfiehlt es sich zunächst eine Marktuntersuchung durchzuführen. Die Bestandteile eines Grobentwurfs der Messe sowie der Machbarkeitsstudie rücken in den Fokus dieses Beitrags.

1 Kalka, 2003, S. 396.
2 Kirchgeog, Klante, 2003, S. 385.
3 Vgl. Kirchgeog, Klante, 2003, S. 385 f.; Kalka, 2005 a, S. 330 f.

2 Business Development als Herausforderung in der Messewirtschaft

2.1 Aufgaben des Business Development

„‚Business Development‘ bezeichnet die anfänglich unkonkret scheinende Idee, ein Unternehmen [ ] in seinem Wirkungskreis zu erweitern, erfolgreicher und innovativer zu machen.“[4]

Dies kann entweder durch eine Ausweitung des bestehenden Business oder durch die Erschließung neuer Geschäftsfelder erreicht werden. Die Aufgabe des BD besteht darin, Zielvorgaben zu formulieren, Prognosen für die Marktentwicklung zu stellen sowie eine Strategie für die Dienstleistungseinführung und deren Marketingmaßnahmen zu entwickeln. Das BD sollte antizyklisch und vorausschauend ausgeübt werden.[5] Dies bedeutet, dass Unternehmen in der Reife- bzw. spätestens in der Sättigungsphase in zukünftige Projekte investieren sollten, um zusätzliche Umsätze zu generieren und ein weiteres wirtschaftlich tragendes Standbein für das Unternehmen zu schaffen.[6]

Zur Entwicklung einer neuen, innovativen Idee bedarf es an Kreativität, unabhängig davon, ob die Dienstleistung bereits existiert oder nicht. Vorausgesetzt wird dabei, dass eine systematische Marktbeobachtung (z. B. Änderung der Kundenbedürfnisse) zur Trendforschung betrieben wird.[7]

Das Konzept sollte allerdings nicht marktumfassend sein, sondern nur eine bestimmte Branche betreffen. Der relevante Markt wird zunächst festgelegt, damit eine Aussage über dessen Potenzial und Wachstum im Rahmen beispielsweise einer Marktanalyse getroffen werden kann.[8]

Die Aufgabenstellung des BD orientiert sich an der Unternehmensstrategie. Das neue Konzept muss also zum Selbstverständnis und der Philosophie eines

4 Wehmeier, 2007, S. 11.
5 Vgl. Wehmeier, 2007, S. 131.
6 Vgl. Wehmeier, 2007, S. 11.
7 Vgl. Rominger, o. J., o. S.
8 Vgl. Meffert, Bruhn, 2012 a, S. 140.

Unternehmens passen. Außerdem sollte die „Konvergenz von Strategie und Fremdwahrnehmung“[9], also der Wahrnehmung der Außenwelt, überprüft werden. Das BD kann durch die Erarbeitung neuer Ideen Einfluss auf strategische Entscheidungen eines Unternehmens nehmen, wodurch die Unternehmensstrategie in einer Art „Rückkopplungsprozess“[10] beeinflusst wird. Aufgabe des BD ist es, Geschäftsfelder durch eine Strategieentwicklung so zu positionieren und zu gestalten, dass sie im Wettbewerb erfolgreich agieren können.[11]

Das BD ist ein interdisziplinäres, bereichsübergreifendes Aufgabengebiet. Die Aufgabe des Bereichs Forschung und Entwicklung (F&E) besteht darin, innovative Ideen zu entwickeln, auf ihre Machbarkeit zu untersuchen und Aufwandsabschätzungen zu treffen. Die Marketingabteilung ist verantwortlich für den Transport einer Idee in die Außenwelt und wird deshalb rechtzeitig in das Projekt involviert. Der Vertrieb hat Erfahrungen und Kenntnisse über den Markt und bekommt deshalb im BD ebenso ein Mitspracherecht eingeräumt.[12]

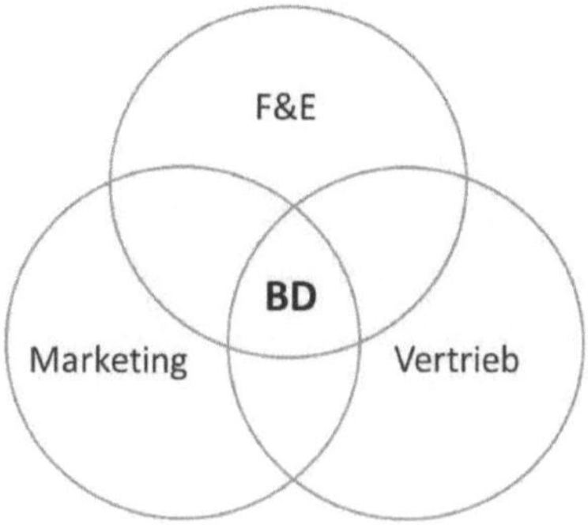

Abbildung 1: BD als Teamleistung von Vertrieb, Marketing, Forschung & Entwicklung
Quelle: Vgl. Wehmeier, 2007, S. 102.

9 Wehmeier, 2007, S. 71.
10 Baumann, 2013, o. S.
11 Vgl. Baumann, 2013, o. S.
12 Vgl. Wehmeier, 2007, S. 101.

2.2 Bedeutung der Machbarkeitsstudie im Business Development

Laut DIN 69901-5 wird eine Machbarkeitsstudie in der Definitionsphase eines Projektes durchgeführt. In dieser Phase werden die „Gesamtheit der Tätigkeiten und Prozesse“[13] beleuchtet. Dazu gehört neben der Zieldefinition und der Aufwandsschätzung u. a. auch eine Machbarkeitsbewertung, welche anhand einer Machbarkeitsstudie durchgeführt wird.[14]

Im Projektmanagement wird die Machbarkeitsstudie häufig als Vorstudienphase oder als Vorprojekt bezeichnet, welches die realistische Durchführbarkeit eines Projektes feststellt und überprüft. Die Durchführung einer Machbarkeitsstudie vor der Realisierung eines Projekts ist besonders dann sinnvoll, wenn die Ziele an die Grenzen des Möglichen gehen, oder nicht alle Variablen bekannt sind.[15]

Ziel der Machbarkeitsstudie ist, auf Basis der Ergebnisse eine „Entscheidung über das weitere Vorgehen im Projekt“[16] zu treffen – also einer „Go/No Go“-Entscheidung[17] über den Abbruch oder die Realisierung des Projektes.[18] Das Verhindern von Fehlinvestitionen und die Identifizierung von Risiken sowie des optimalen Lösungswegs sind die Zwecke einer Machbarkeitsstudie.[19] Die Gewinnung der Ergebnisse einer Machbarkeitsstudie erfolgt mit dem Durchführen von Analysen, Bewertungen und Dokumentationen über Chancen und Risiken. Entscheidungsmöglichkeiten für aufgezeigte Alternativen und eine Empfehlung für die erfolgversprechendste Alternative unter Berücksichtigung von Projektrisiken resultieren daraus.[20]

13 DIN Deutsches Institut für Normung e.V., 2009 b, S. 7.
14 Vgl. DIN Deutsches Institut für Normung e.V., 2009 b, S. 7.
15 Vgl. Kuster et al., 2011, S. 50.
16 DIN Deutsches Institut für Normung e.V., 2009 a, S. 24.
17 Schmitt, 2013, S. 103.
18 Vgl. DIN Deutsches Institut für Normung e.V., 2009 a, S. 24.
19 Vgl. Projekt Magazin, o. J. , o. S.
20 Projekt Magazin, 2014, o. S.

2.3 Besonderheiten in der Messewirtschaft

Die duale Positionierung von Messen stellen Veranstalter vor die Herausforderung die Bedürfnisse der Aussteller als auch der Besucher gleichermaßen zu erfüllen. Der Veranstalter muss die Messe so positionieren, dass sowohl aus Sicht der Aussteller als auch aus Sicht der Besucher ein attraktives Zielgruppensegment erreicht wird. Die Besonderheit bei Messedienstleistung besteht u. a. darin, dass aufgrund der umfangreichen Mitwirkung an der Leistungserstellung ein hoher Grad an Fremdeinfluss besteht.[21] Aufgrund der Einwirkung des externen Faktors sowie des „einzigartigen individuellen Charakter[s]“ [22] von Messeveranstaltungen wird eine Standardisierung der angebotenen Leistung erschwert.[23]

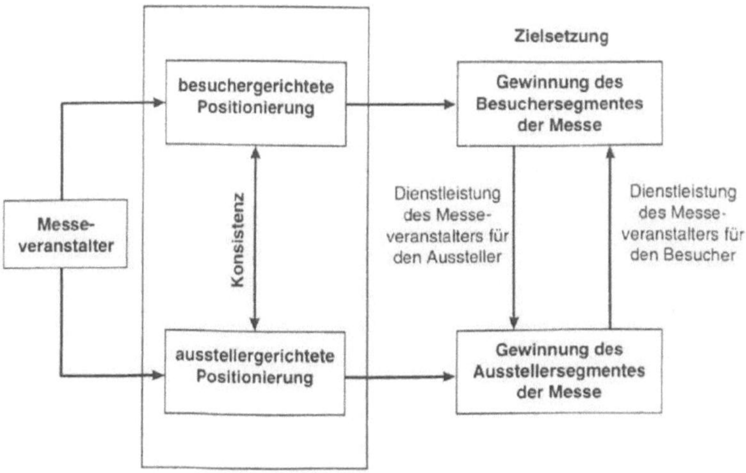

Abbildung 2: Duale Positionierung von Messen
Quelle: Robertz, 1999, S. 26.

Aufgrund der Immaterialität einer Messeveranstaltung kann deren Vertrieb nur durch die Kommunikation eines Leistungsversprechens erfolgen.

21 Vgl. Kim, 2003, S. 25 f.
22 Kalka, 2003, S. 394.
23 Vgl. Kim, 2003, S. 83.

Der Leistungserfolg wird folglich erst nach Beendigung der Veranstaltung retrospektiv durch die Aussteller und Besucher beurteilt.[24] Messeveranstaltungen können vor ihrer Durchführung keiner Qualitätskontrolle unterzogen werden, weshalb der Aufbau einer hohen Vertrauenswürdigkeit einer Messe für die Aussteller wichtig ist. Um das Vertrauen der Nachfrager bereits vor der Messeveranstaltung zu gewinnen ist es wichtig, beim Vertrieb der Erstveranstaltung, Werte wie Zuverlässigkeit und Leistungsfähigkeit deutlich zu kommunizieren.[25]

Messeveranstalter können ihre Leistungsfähigkeit außerdem unter Beweis stellen, indem sie ihre Servicebereitschaft im Vorfeld und während der Messe demonstrieren. Ebenso gilt es, das Know-How des Messeteams sichtbar zu positionieren und unter Beweis zu stellen.[26]

Im Hinblick auf das BD sollte außerdem darauf geachtet werden, dass für das angedachte Messethema ein Absatzmarkt existiert und die gewünschten Zielgruppen sowohl auf Aussteller- als auch auf Besucherseite vertreten sind.[27] Entscheidet sich einer der externen Faktoren einer Messe fern zu bleiben, ist die Veranstaltung nicht durchführbar. Dies verdeutlicht wie wichtig es ist, während des BD-Prozesses zu recherchieren, ob eine Messe von beiden Zielgruppen erwünscht ist und auch angenommen wird.

Eine weitere Besonderheit ist, dass die Kundenbindung aufgrund des relativ großen Zeitabstandes von Messeveranstaltungen erschwert wird. Die Nichttransportierbarkeit von Messen ist aufgrund deren Standortgebundenheit eine unveränderliche Bedingung und zwingt die externen Faktoren (Besucher und Aussteller) zu einer Anreise an den Veranstaltungsort.[28]

In der Messewirtschaft wird für das BD von neuen Produkten und neuen Geschäftsfeldern Marktforschung betrieben. Die Tiefe der Marktuntersuchung hängt jedoch davon ab, welche Wachstumsstrategie für eine Veranstaltung betrieben wird. Die Produkt-Ansoff-Matrix hat zum Ziel, in der Dienstleistungsentwicklung, auch im Messewesen, konkrete Wachstumsstrategien abzuleiten.

24 Vgl. Delfmann, Arzt, 2005, S. 108.
25 Vgl. Kirchgeorg, Klante, 2003, S. 368.
26 Vgl. Kirchgeorg, Klante, 2003, S. 367 ff.
27 Vgl. Delfmann, Arzt, 2005, S. 108.
28 Vgl. Kirchgeorg, Klante, 2003, S. 367 f.

Abhängig davon welche Strategie einer Messe zugeordnet wird, unterscheiden sich die Aufgaben im BD und damit verbunden auch die Marktforschungstiefe.[29]

Die Marktpenetration oder auch -durchdringung hat das Ziel, das Wachstum von bestehenden Veranstaltungen in bestehenden Märkten zu fördern. Durch eine Intensivierung von Marketingmaßnahmen, welche u. a. die Funktion haben, die Attraktivität einer Veranstaltung zu erhöhen, soll die Gewinnung neuer Aussteller und Besucher erreicht werden und damit eine Vergrößerung des Umsatz- und Marktanteils nach sich ziehen.[30]

Die Messeentwicklungsstrategie strebt an, neue Produkte, hier einzelne Veranstaltungen, oder die Entwicklung neuer vermarktungsfähiger Dienstleistungen, wie z. B. Standbau zu schaffen. Es wird darin unterschieden, ob eine bereits auf dem Markt vorhandene Messe kopiert wird (Me-too-Veranstaltung) oder ob ein grundsätzliches neues, noch nicht existierendes Messethema beispielsweise durch Marktbeobachtung entwickelt wird.[31] Beim sogenannten „spinn off“[32] wird ein eigenständiges Thema einer bestehenden Messe ausgegliedert. Auch bei bestehenden Messen spielt BD in der strategischen Weiterentwicklung von Messethemen eine Rolle. Dafür wird der Branchenmarkt einer Messe ständig beobachtet und analysiert. Die Messeveranstaltung wird an die Entwicklungen des Marktes angepasst.[33]

Die Strategie der Marktentwicklung verfolgt das Ziel, bestehende Messen in neue Märkte (z. B. Regionen, Länder) zu transportieren.[34]

Bei der Diversifikation sollen neue Messen in neuen Märkten etabliert werden, was bedeutet, dass beide Determinanten noch unbekannt sind. Dies bringt mit sich, dass die Konzeption der Messe und die Etablierung in einem neuen Markt ein langwieriger Prozess ist, welcher vor der Realisierung sehr ausführlich auf dessen Machbarkeit untersucht werden muss.[35]

29 Vgl. Ulrich, 2003, S. 292 f.
30 Vgl. Kalka, 2003, S. 397 f.
31 Vgl. Troll, 2003, S. 41.
32 Ulrich, 2003, S. 292.
33 Vgl. Ulrich, 2003, S. 292 f.; Kalka, 2003, S. 397.
34 Vgl. Kalka, 2003, S. 398.
35 Vgl. Kalka, 2003, S. 398.

Die Abgrenzung des Zielmarktes, die Betrachtung von Branchentrends sowie die Anzahl und Struktur der Marktteilnehmer bzw. die Identifikation von Zielgruppen sind sowohl bei dem BD neuer als auch bestehender Messethemen von Notwendigkeit. Dies erfolgt durch die Gewinnung von Daten aus einem umfassenden „Netzwerk von Informationsquellen“[36]. Eine Analyse von Konkurrenzveranstaltungen sowie eine gezielte Befragung von potenziellen Ausstellern und die Integration von Sekundärforschungsergebnissen können Informationen für die Entwicklung einer neuen Veranstaltung zur Verfügung stellen.[37]

		Messen/Dienstleistungsprodukte	
		alt	neu
Märkte (Branchen / Zielgruppen/Regionen)	alt	Marktpenetration	Messeentwicklung
	neu	Marktentwicklung	Diversifikation

Abbildung 3: Produkt-Markt-Matrix (in Anlehnung an Ansoff 1966)
Quelle: Kalka, 2003, S. 397.

36 Ulrich, 2003, S. 299.
37 Vgl. Ulrich, 2003, S. 295 ff.

3 Bestandteile des Grobkonzepts einer Messe

Ein Konzept ist etwas Vorläufiges, ein strategischer Entwurf, bei dem vorhandene Erfahrungswerte und neue Ideen zu einem programmpolitischen Handlungsrahmen zusammengeführt werden.[38]

Zur Entwicklung eines ganzheitlichen, detaillierten Messekonzeptes zählen folgende Elemente:[39]

- Art der Messe
- Zeitdeterminanten (Turnus, Termin, Laufzeit, Auf- und Abbauzeiten)
- Nomenklatur
- Aussteller- und Besucherzielgruppe
- Hallenbelegung und Preisbestimmung
- Rahmenveranstaltungen
- Markenpolitik und Marketingaktivitäten (Werbung, Public Relations, Katalog etc.)
- Sonstige Serviceleistungen (z. B. Messebau, Catering)

Das Grobkonzept ist ein wichtiger Bestandteil für die Vorarbeit einer Machbarkeitsstudie, da dieses die Rahmenbedingungen festlegt.[40] Somit sind konkrete Angaben, beispielsweise zu Hallenbelegung, Markenpolitik, Preisbestimmung etc. nicht Bestandteil des Grobkonzeptes, da dieses zunächst die Grundlage für die Marktuntersuchung und die damit verbundene Überprüfung der Annahmen legt. Diese Determinanten werden erst nach der Entscheidung für die Realisierung einer Messe in einem Detailkonzept festgelegt. Bei den Vorgaben im Grobkonzept handelt es sich lediglich um Annahmen, welche sich durch die im Anschluss durchgeführte fundierte Machbarkeitsstudie (z. B. durch die Analyse des Marktes) bestätigen, verfeinern aber auch ändern können.

Eine Messe definiert sich über deren Thematik, deren Aussteller- und Besucherzielgruppe, der Ausrichtung, dem Zyklus sowie dem Ort der Veranstaltung.

38 Vgl. Schmidbauer, 2011, S. 20.
39 Vgl. im Folgenden Kalka, 2003, S. 400; Groth, 1992, S. 163 f.
40 Vgl. Huber, 1994, S. 157; Kalka, 2003, S. 400; Groth, 1992, S. 162 ff.

Die Definition der Thematik sowie der Zielgruppen bilden die Grundlage für die Festlegung der Grobkonzeptinhalte und für die Bestimmung des relevanten Marktes.[41]

Thematik

Zuerst sollte der Themenbereich, also die Branche des neuen Messekonzepts abgegrenzt werden, da die Veranstaltung im Wesentlichen durch deren inhaltliche Ausrichtung geprägt ist.

Zielgruppen

Nach der Eingrenzung der Branche ist ein zunächst oberflächlicher Blick (z. B. über Internetrecherchen) auf diejenigen Unternehmen, die als potentielle Aussteller fungieren, unabdingbar. Die (Branchen-)Umsätze dieser Unternehmen können Aufschluss über die zukünftig verfügbaren Messebudgets geben und auch die Internationalität der Unternehmen spielen eine Rolle für die strategische Ausrichtung des Messekonzepts. Mithilfe der Betrachtung des Ausstellerkatalogs einer bedeutenden (Leit-)Messe mit demselben Themengebiet, kann ebenfalls ein ersten Eindruck über die potentielle Ausstellerzielgruppe und das Branchenspektrum gewonnen werden.

Eine Einschätzung über die demografischen Merkmale der Besucherzielgruppe (z. B. Alter, Geschlecht etc.), deren kulturellen Werte sowie deren Erwartungen an einen Messebesuch ist ebenfalls Bestandteil des Grobkonzepts. Während Verbraucher eine geringere Anreisebereitschaft zu Messen aufweisen als Fachbesucher, kann beispielsweise angenommen werden, dass eine Verbrauchermesse eine eher regionale Zielgruppe hat.[42]

Größe der Messe

Die Größe der Messe ist von der Anzahl an teilnehmenden Ausstellern und der verfügbaren Ausstellungsfläche abhängig. Annahmen über die von jedem Aussteller durchschnittlich benötigte Standfläche in Verbindung mit einer geschätzten Ausstellerzahl dienen als Grundlage für die benötigte Nettoausstellungsfläche

41 Vgl. Ingold, 2003, S. 516.
42 Vgl. Groth, 1992, S. 166.

eines Messegeländes. Diese Angaben werden mithilfe einer Ausstellerbefragung, die im Rahmen der Machbarkeitsstudie durchgeführt werden kann, konkretisiert. Ebenfalls zu berücksichtigen ist die Bekanntheit des Messethemas und Entwicklungsprognosen der Branche (z. B. mithilfe von Google Trends).

Ausrichtung

Der Messemarkt ist vielschichtig und für die Marktteilnehmer teilweise unübersichtlich. Mithilfe der Festlegung bestimmter Kriterien und der Identifikation von ähnlichen Merkmalsausprägungen können Messen klassifiziert werden. Dank der Typisierung hat ein Messeveranstalter die Möglichkeit, sich zu orientieren, denn ähnliche Messetypen haben in ihrer Vorbereitung, Durchführung und Nachbereitung ähnliche Problemstellungen.[43]

Die Kriterien für die Klassifizierung der Messearten werden folgend unterschieden:[44]

Einzugsgebiet

Die Klassifizierung in Bezug auf das Einzugsgebiet von Messebesuchern wurde durch den Ausstellungs- und Messe-Ausschuss der deutschen Wirtschaft e. V. (kurz: AUMA) eingeführt. Die geografische Herkunft der Besucher hat Einfluss darauf, ob eine Messe als regional, national oder international klassifiziert wird.[45]

Regionale Messen haben ein Besucherpublikum, bei dem deutlich über 50% der Besucher aus unter 100 km Entfernung anreisen. Das wesentliche Angebot eines oder mehrerer Wirtschaftszweige wird in nationalen Messen den Besuchern gezeigt, welche zu 50% aus mindestens 100 km und weitere 20% aus mindestens 300 km Entfernung kommen. Zusätzlich zu den Anforderungen einer nationalen Messe müssen internationale Messen mindestens 10% ausländische Aussteller aufweisen und mindestens 5% Besucher aus dem Ausland anreisen.

43 Vgl. im Folgenden Kirchgeorg, 2003, S. 65 f.
44 Vgl. Kresse, Engelsberg, 2006, S. 40.
45 Vgl. im Folgenden AUMA_Ausstellungs- und Messe-Ausschuss der Deutschen Wirtschaft e.V., 2013, o. S.

Typus

Universal-, Mehrbranchen-, Fach- und Verbundmessen sowie Verbraucherausstellungen unterscheiden sich im Wesentlichen über deren Angebotsbreite und -tiefe. Während in Universal- und Mehrbranchenmessen mehrere Wirtschaftszweige repräsentiert werden, zeichnen sich Fachmessen durch eine relativ geringe Angebotsbreite und eine große Angebotstiefe aus. Leitmessen sind solche Veranstaltungen die für eine Branche international führend und von herausragender Bedeutung sind. Sie decken das vollständige Angebot durch eine hohe Aussteller- und Besucherbeteiligung ab. Verbraucherausstellungen sind abnehmerorientierte Veranstaltungen, welche sich an den regionalen Marktbedingungen ausrichten und ein breites Publikum einer bestimmten Wirtschaftsregion erreichen.[46] Ein umfangreiches Unterhaltungsprogramm, welches meist alle Alters- und Einkommensgruppen anspricht, ist Teil einer allgemeinen Verbraucherausstellung.[47]

Die Festlegung des Messetypus gibt u. a. Aufschluss darüber, welche Kunden eine Messe besuchen. Auf Grundlage dieser Information kann eine Messe gezielt bei den entsprechenden Zielgruppen beworben werden.

Funktion

Bei Ordermessen steht der Verkauf bzw. die unmittelbare Auftragsvergabe im Vordergrund. Im Bereich der Fachmessen ist dieses direkte Verkaufsziel zugunsten von der Vermittlung von Informationen und persönlicher Kontakt rückläufig. Diese Informationsmessen haben die Kommunikation als funktionales Ziel, was den Vertragsabschluss im Nachmessegeschäft bewirkt. Verbrauchermessen sind in der Regel Ordermessen, da deren primäres Ziel die direkte Absatzsteigerung ist.[48]

46 Vgl. Groth, 1992, S. 166.

47 Vgl. Kirchgeorg, 2003, S. 67 f.; Kresse, Engelsberg, 2006, S. 41; m+a Internationale Messemedien, o. J., o. S..

48 Vgl. Kirchgeorg, 2003, S. 67 f.; Kresse, Engelsberg, 2006, S. 41.

Angebotsschwerpunkt

Der Angebotsschwerpunkt einer Messe hinsichtlich der Art der ausgestellten Güter lässt sich wie folgt unterscheiden: Investitionsgüter, welche in der Produktion eingesetzt werden und Konsumgüter, die für den kurz- oder mittelfristigen Bedarf gezeigt werden. Überschneidungen sind beispielsweise im Automobilbereich möglich, da PKWs gleichermaßen Konsum- und Investitionsgüter sein können.[49]

Standort

Eine weitere Klassifizierung kann hinsichtlich des Messestandortes im Verhältnis zu dem Herkunftsland des Veranstalters vorgenommen werden. Wenn das Veranstaltungsland mit dem Herkunftsland des Veranstalters identisch ist, handelt es sich um eine Inlandsmesse, während eine Auslandsmesse außerhalb des Herkunftslands des Veranstalters durchgeführt wird. Wandermessen sind Messen mit variablem Standort.[50]

Medium

Ergänzend wird zwischen physischen und virtuellen Messen unterschieden. Virtuelle Messen nutzen das Internet als digitales Medium, um ihre Informationen an die Besucher zu übermitteln. Der Vorteil hierbei ist, dass Besucher sich Kosten und Zeit für die Anreise und den Aufenthalt sparen können. Allerdings fehlt der persönliche Kontakt, der bei realen, physischen Messen vorhanden ist und den Erfolg einer Messe maximiert.[51]

Mehrdimensionale Messetypologie

Durch die Kombination verschiedener Kriterien kann eine mehrdimensionale Messetypologie erstellt werden. Es empfiehlt sich, die Kriterien je nach Bedeutung für die Messe auszuwählen und in den Fokus zu rücken. Eine zweidimensionale Abgrenzung der Messetypen findet in der Praxis häufig Anwendung.[52]

49 Vgl. Kirchgeorg, 2003, S. 67.; Vgl. Kresse, Engelsberg, 2006, S. 42.
50 Vgl. Kresse, Engelsberg, 2006, S. 42 f.
51 Vgl. Kirchgeorg, 2003, S. 68.
52 Vgl. Kirchgeorg, 2003, S. 68 f.

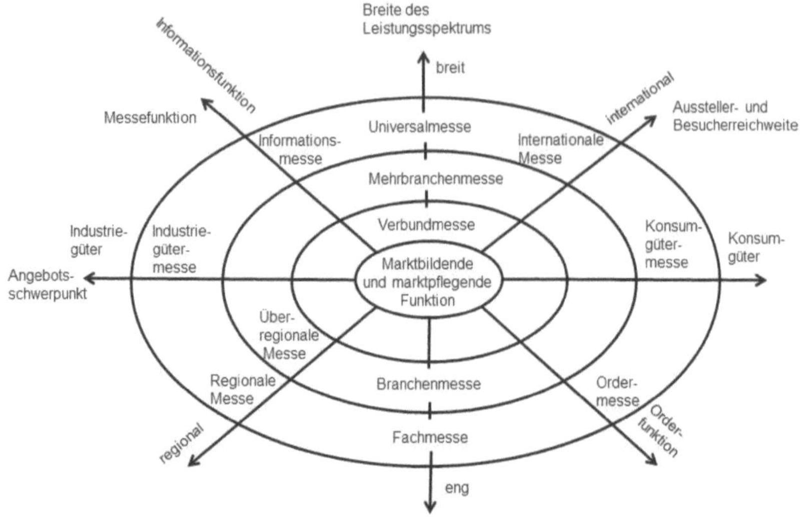

Abbildung 4: Klassifizierung von Messen
Quelle: Robertz, 1999, S. 23.

Zeitdeterminanten

Die zeitlichen Determinanten einer Messe sind Bestandteil des Grobkonzepts und dienen als Rahmen- und Zieldaten. Dazu gehört die Einschätzung bezüglich Beginn, Dauer und Turnus einer Messe.[53]

Für die Festlegung des Messetermins müssen die marktspezifischen Anforderungen recherchiert werden. Während bei einer Verbrauchermesse Innovations- und Orderzyklen der Branche in der Regel außer Betracht gelassen werden, können diese bei einer Fachmesse von entscheidender Bedeutung sein (z. B. Fachmesse für Weihnachtsbedarf).[54]

Die internen, personell verfügbaren Kapazitäten sind bei der Terminierung der Messe genauso entscheidend wie auch die Präferenzen deren potentieller Aussteller. Die Veranstaltungstermine bereits existierender Konkurrenzveranstaltungen sollten bei der Festlegung des Messetermins außerdem berücksichtigt werden.

53 Vgl. Kalka, 2005 b, S. 350.; Groth, 1992, S. 164.
54 Vgl. Kalka, 2005 b, S. 350.

Die Dauer einer Veranstaltung ist sowohl von der Veranstaltungsgröße als auch von deren Turnus abhängig.[55] Verbraucherausstellungen haben üblicherweise einen jährlichen Turnus und deren Besucher erwarten einen regelmäßigen Rhythmus zu ähnlichen Zeitpunkten. Die Dauer einer Messe richtet sich nach den Bedürfnissen der Besucher. Verbrauchermessen finden, ganz im Gegenteil zu Fachmessen, an solchen Tagen statt, an denen deren Besucher nicht arbeiten. Sie sind für ihre Besucher eine Art der Freizeitgestaltung und finden daher meistens an Wochenenden bzw. verlängerten Wochenenden mit Brückentagen statt. In der Regel variiert hier die Dauer zwischen zwei und vier Tagen.[56]

Bestimmung des Veranstaltungsortes

Der Erfolg einer Messe hängt nicht nur von deren Inhalte ab, sondern auch von deren geographischer Lage. Die Messestadt kann durch ihr Ambiente, ihr Image, die Verkehrsinfrastruktur und durch ihre Marktnähe den Erfolg einer Messe fördern.[57] In den meisten Fällen stellt die Standortentscheidung eine langfristige und kostenintensive Entscheidung dar. Auch deshalb ist die Auswahl des geeigneten Standortes wichtig für die Entwicklung eines neuen Messekonzepts.[58]

Während bei öffentlichen Messegesellschaften eine Standortauswahl aufgrund existierender Messehallen und der Auslastung deren verfügbaren Kapazitäten hinfällig ist, sind private Messeveranstalter auf die Anmietung externer Veranstaltungsstätten angewiesen.

Die Nutzwertanalyse stellt ein qualitatives Verfahren zur Standortbewertung dar, welches zu den Scoring-Modellen zählt und von privaten Messeveranstaltern bei der Wahl des geeigneten Veranstaltungsortes herangezogen werden kann.[59] Diese Methode gewährleistet eine „systematische Vorgehensweise zur Strukturierung des Entscheidungsproblems“[60] eines Unternehmens und bietet eine „Auswahl von Handlungsalternativen“[61].

55 Vgl. Kalka, 2005 b, S. 350.
56 Vgl. Groth, 1992, S. 164.
57 Vgl. Groth, 1994, S. 43.
58 Vgl. Groth, Lenz, 1992, S. 53 ff.
59 Vgl. Kinkel, Buhmann, 2009, S. 36.
60 Kinkel, Buhmann, 2009, S. 37.
61 Jung, 2010, S. 75.

Es wird zwischen „harten" und „weichen" Standortfaktoren unterschieden. Harte Standortfaktoren sind „quantifizierbare Strukturdaten über einen Ort und dessen Umgebung"[62] und tragen zu der Entscheidung bei, ob eine Standortwahl ökonomisch für ein Unternehmen tragbar ist, da sie betriebswirtschaftliche Kostenrelationen beinhalten. Die wichtigsten harten Standortfaktoren für eine Veranstaltungsstätte sind u. a. die Verkehrsanbindung, Infrastruktur und die Kapazität und Qualität des Messegeländes.

Weiche Standortfaktoren sind nicht quantifizierbar und durch eine hohe Subjektivität in deren Einschätzung geprägt, können also nicht in die Kostenrechnung eines Unternehmens einbezogen werden. Dennoch sind diese für eine Standortentscheidung nicht zu vernachlässigen, da sie beispielsweise das regionale Image und Wirtschaftsklima einer Stadt, sowie das Ambiente (u. a. auch Sehenswürdigkeiten und kulturelle Einrichtungen) des Veranstaltungsortes umfassen.[63]

Relevant eingeschätzte Standortfaktoren werden als „Determinanten zur Standortwahl"[64] je nach Bedeutung für das Projekt gewichtet, mit Punkten bewertet und zu einer Gesamtpunktzahl zusammengerechnet. Derjenige Standort, der die größere Gesamtpunktzahl erreicht, kann als neuer Standort für das Messeprojekt in Betracht gezogen werden.[65]

Trotz aller durch die Anwendung der Nutzwertanalyse gebotenen Vorteile ist die Methode zur Standortbewertung kritisch zu betrachten, da „die Auswahl der Entscheidungskriterien, die Zielkriteriengewichtung und die Teilnutzenbestimmung auf Basis subjektiver Einschätzungen und Bewertungen der Entscheidungsträger erfolgt."[66] Die Subjektivität des Ergebnisses kann reduziert werden, indem sowohl „neutrale" als auch am Projekt beteiligte Personen in die Gewichtung und in die Bewertung der Kriterien einbezogen werden sowie Sekundäranalysen (z. B. Umfragen oder Statistiken) als objektive Informationsquellen herangezogen werden.

62 Henke, 2012, o. S.
63 Vgl. Kim, 2003, S. 115 f.
64 Vgl. Lang, 2006, S.65.
65 Vgl. Kinkel, Buhmann, 2009, S. 36 f.; Jung, 2010, S. 75.
66 Kinkel, Buhmann, 2009, S. 37 f.

Oberkriterien (O)	G(O)	Unterkriterien (U)	G (U)	A	A*G(U)	B	B*G(U)
Gelände	50%	Innenfläche	10%	5	0,50	4	0,40
		Außenfläche	5%	4	0,20	3	0,15
		Mietkosten	15%	5	0,75	3	0,45
		Infrastruktur (u. a. Technik, sanitäre Einrichtungen)	10%	2	0,20	4	0,40
		Ambiente	10%	4	0,40	4	0,40
Image des Messestandorts	10%	Image des Messestandorts	10%	4	0,40	3	0,30
Verkehrsinfrastruktur	30%	Individualverkehr (PKW und Fahrrad) und Parkplätze	15%	4	0,60	4	0,60
		Bahn	10%	3	0,30	4	0,40
		ÖPNV	5%	3	0,15	4	0,20
Konkurrenz-veranstaltungen	10%	Konkurrenz-veranstaltungen	10%	3	0,30	2	0,20
Ergebnis	**100%**		**100%**		**3,8**		**3,50**

Legende:
A = Location 1
B = Location 2
Bewertung:
5= sehr gut
4 = gut
3 = durchschnittlich
2 = ausreichend
1 = mangelhaft

Abbildung 5: Nutzwertanalyse für die Standortwahl einer Messe

4 Machbarkeitsstudie

Die Analyse eines Marktes erfolgt über dessen Einordnung in die Marktgröße, dessen Wachstum und Potenzial. Die Marktgröße beurteilt das Volumen, Preisgefüge und Umsatz eines Marktes (z. B. anhand eines Gewerbeverzeichnisses und Erhebungen von statistischem Bundesamt). Während das Marktwachstum die vergangene und zukünftige Entwicklung betrachtet, gibt das Marktpotential an, wann ein Markt gesättigt ist.[67] Eine Untersuchung dieser drei Zielgrößen hilft bei der Einschätzung der zukünftigen Rentabilität der Investition in ein neues Messekonzept und trägt dazu bei, die Branchenexpertise zu vergrößern.

4.1 Ausstellertypologie

Auf Basis der genauen Kenntnis der Ausstellerzielgruppe sowie deren Bedürfnisse kann ein passendes Messekonzept ausgearbeitet und die richtige Besucherzielgruppe erreicht werden.[68] Eine Untersuchung potentieller Aussteller auf ihre Branchenmerkmale und deren Erwartungen an eine Messe, welche von der jeweiligen Marktpositionierung und der individuellen Entwicklungsphase des Ausstellers abhängig sind, führt zu einer Typisierung.[69]

In der Sekundärforschung können Daten analysiert und ausgewertet werden, die bereits erhoben wurden. Die Beschaffung der Daten erfolgt aus internen (z. B. Statistiken über Umsatz, Reklamationen oder Marktanteile) oder aus externen Datenquellen (z. B. Amtliche Statistiken, Fachzeitschriften, Geschäftsberichte). Von Vorteil ist, dass die aufwendige Sekundärforschung ist in der Regel schneller und somit kostengünstiger, als die Primärforschung, welche die zweite Verfahrensweise darstellt. Hier werden noch nicht vorhandene Daten erhoben. Die üblichen Erhebungsmethoden der Primärforschung sind die Befragung, die Beobachtung und das Experiment. Die mündliche Befragung, welche von Experteninterviews bis zu Gruppendiskussionen reicht, sowie die schriftliche Befragung, mit Fragebogenversand an vorrecherchierte Adressen, welche zuverlässige

67 Vgl. Kotler, Keller, Bliemel, 2007, S. 195 ff.
68 Vgl. Witt, 2005, S. 11 f.
69 Vgl. Fuchslocher, 2003, S. 342.

Informationen durch ausgewählte Zielgruppen erhebt, gelten als die wichtigsten Erhebungsmethoden. Die Onlinebefragung eignet sich vor allem für standardisierte und quantitative Umfragen (z. B. für Akzeptanzuntersuchungen) und bietet gegenüber anderen Befragungsmedien verschiedenste Vorteile (u. a. schnell, kostengünstig, Befragte können Zeitpunkt der Beantwortung wählen, Automatisierung des gesamten Prozesses durch Layoutgestaltung, Speicherung der Daten und Auswertung in Diagrammen).[70] Der wichtigste Nachteil bei der Befragung über das Internet ist allerdings, das Emotionen, Gestik und Mimik der Befragten nicht sichtbar sind, wobei dieser Aspekt bei der Abfrage von Fakten für die Realisierung eines Messekonzepts eher vernachlässigt werden können. Die Marktforschung wird als Instrument für die Generierung von gültigen, belegbaren und möglichst objektiven Informationen in einer Machbarkeitsstudie genutzt.[71]

Zur Durchführung einer Umfrage müssen zunächst Adressdaten beschafft werden (z. B. Adressdatenbanken der IHK oder gezielte Suche von Adressen über das Internet oder Konkurrenzveranstaltungen). Je nach Umfang der Umfrage ist eines der oben aufgeführten Befragungsmedien auszuwählen.

Für eine gezielte Befragung ist ein Fragebogen notwendig, der so aufgebaut sein muss, dass geeignete Rückschlüsse und Informationen gewonnen werden können.[72]

Ziel der Befragung ist es, die Annahmen des Grobkonzeptes zu überprüfen und Erkenntnisse über die Branche der Unternehmen zu gewinnen. Für den Einstieg in den Fragebogen ist es empfehlenswert möglichst einfache Fragen zu stellen, um den Befragten in die Umfrage einzuführen und ihn zu motivieren (z. B. Größe, geografische Lage und Branche des befragten Unternehmens). Im zweiten Teil der Umfrage können anschließend die Erwartungen sowie die Einstellung des befragten Unternehmens gegenüber Messebeteiligungen im Allgemeinen ermittelt werden. Die Erhebung des Produktportfolios, sowie Fragen über eine Einschätzung der Werte der Kunden und deren Erwartungen an ein Messekonzept können über eine solche Befragung generiert werden.

70 Vgl. im Folgenden Koch, 2012, S. 57 f.
71 Vgl. Koch, 2012, S. 42 ff.
72 Vgl. Koch, 2012, S. 65 f.

Spezielle Fragen zur Überprüfung des Grobkonzepts dienen dazu, eine Einschätzung zu gewinnen, wie hoch die Akzeptanz der Aussteller an das Messekonzept und die damit verbundene Teilnahmebereitschaft ist. Dazu gehören Fragen zur Attraktivität der in der Standortanalyse ausgewählten Veranstaltungsstätte (ggf. anhand von Bildern) sowie der maximalen Zahlungsbereitschaft und der benötigten Standfläche.

Im Anschluss an die Auswertung der Ergebnisse lässt sich die Akzeptanz der Aussteller nachvollziehen. Ist diese eher gering, kann dies dazu führen, dass die Machbarkeitsstudie frühzeitig abgebrochen wird und das Projekt nicht realisiert wird. Ist die Teilnahmebereitschaft hingegen hoch, wird die Zielgruppe der Besucher im nächsten Schritt betrachtet.

4.2 Besuchertypologie

Eine Analyse der Besuchertypologie ist zur differenzierten Zielgruppenansprache und zur Ableitung spezifischer Kommunikationsmaßnahmen notwendig.[73] Für das Erreichen einer Zielgruppe ist die Kenntnis über deren Orientierung, Werte und Erwartungen von Bedeutung.[74]

Die Gründe der Besucher für einen Messebesuch sind vielfältig. Die wichtigsten Beweggründe sind: Das Kennenlernen neuer Produkte und Dienstleistungen, die Sammlung von Informationen, persönlicher Kontakt zu Kunden und Lieferanten sowie interessante Aktionen. Verbrauchermessen beispielsweise verstehen sich heute nicht mehr als reine Informationsveranstaltungen, sondern vielmehr als Ereignis, welches dem Besucher ein Freizeiterlebnis (z. B. Rahmenprogramm, Vorführungen, Gewinnspiele) bietet.[75] Nur wenn die spezifischen Bedürfnisse der Zielgruppe verstanden werden, kann das Messeangebot angepasst werden. Damit werden die Erwartungen an ein Messeerlebnis erfüllt und die Wohlfühlatmosphäre gesteigert.

Der demographische Wandel beschreibt die Veränderung der Altersstruktur einer Gesellschaft. Dies ist insbesondere für Verbrauchermessen entscheidend, da

73 Vgl. Scheffler; Riemann, 2003, S. 308.
74 Vgl. Sinus Sociovision GmbH, 2010, o. S.
75 Vgl. Kromer von Baerle, Müller, 2003, S. 781.

sich diese vermehrt an den gesellschaftlichen Entwicklungen orientieren müssen, um weiterhin erfolgreich zu bleiben.[76]

Es wird zwischen vier verschiedenen Merkmalen der Zielgruppenidentifikation in einer Gesellschaft unterschieden:[77]

- Demografische Merkmale (u. a. Alter, Geschlecht, Wohnort)
- Sozioökonomische Merkmale (u. a. Bildung, Einkommen, Konsumbereitschaft, soziale Schichtung)
- Psychografische Merkmale (u. a. Interessen, Einstellungen, Motive)
- Verhaltensmerkmale (u. a. Preisverhalten, Mediennutzung, Produktwahl)

Ähnlich wie bei der Ausstellerzielgruppe ist die Befragung oder der Rückgriff auf bestehende Sekundäranalysen eine Möglichkeit zur Identifikation der Besucherzielgruppe. Das Befragen von Branchenexperten ergibt ein detaillierteres, konkreteres Bild über die Zielgruppe. Im Rahmen einer Ausstellerbefragung, ist es sinnvoll, eine Einschätzung über deren Kundschaft abzufragen, da sich die Kunden des Ausstellers i. d. R. mit dem Besucherpublikum deckt. Neben der Beschaffung von Primär- und Sekundärdaten geben Modelle, wie beispielsweise das Modell der Sinus-Milieus Aufschluss über die Werte einer Zielgruppe, woraus eine differenzierte Kommunikationsstrategie abgeleitet werden kann.

In den Sinus-Milieus werden Menschen mit ähnlichen Lebensweisen und -auffassungen gruppiert. Diese Gruppierung erfolgt durch Betrachtung der grundlegenden Wertorientierungen und Alltagseinstellungen (z. B. zur Familie, zur Freizeit, zum Geld und Konsum). Die sogenannte Kartoffelgrafik (siehe Abbildung 5) dient als „strategische[r] Landkarte“[78] zur Positionierung einer Dienstleistung. Die Gesellschaft wird in zwei Dimensionen eingeteilt – die „Grundorientierung“, also deren Werteeinstellungen, und die „Soziale Lage“ (z. B. das Einkommen). Die strategische Planung (z. B. von Marketingmaßnahmen) sowie die operative Umsetzung für die Entwicklung und Kommunikation neuer Dienstleistungen

76 Vgl. Kirchgeorg; Wiedmann; Ermer, 2012, S. 46 ff.
77 Vgl. im Folgenden Bruhn, 2012.
78 Sinus Sociovision GmbH, 2010, o. S.

und Produkte kann mit Kenntnis der Sinus-Milieus zielgruppenspezifisch ausgerichtet werden.[79]

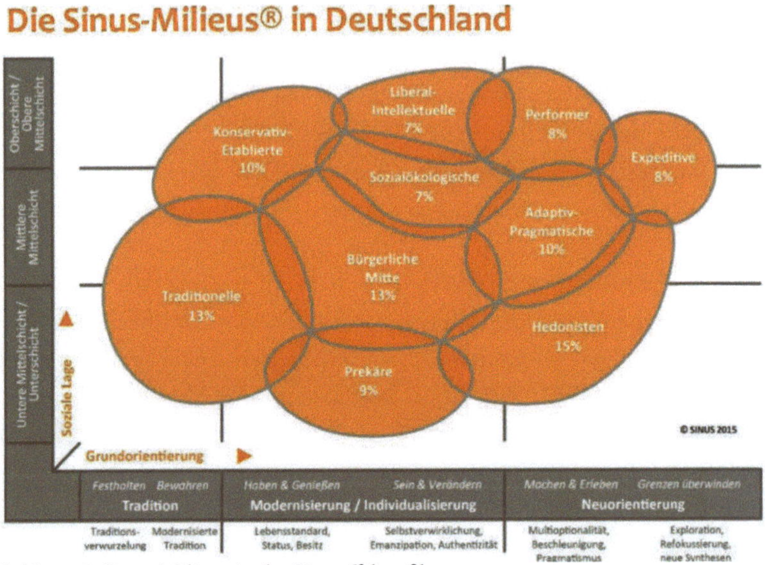

Abbildung 5: Sinus Milieus in der Kartoffelgrafik
Quelle: Vgl. Sinus Sociovision GmbH, 2010, o. S.

4.2.1 Konkurrenzanalyse

Mithilfe der Untersuchung der Wettbewerbsveranstaltungen und deren Strategien können Chancen und Risiken für die eigene Messeveranstaltung abgeleitet werden, auch im Hinblick auf Überschneidungen zur eigenen Veranstaltung. Da sich das neue Messekonzept in der Machbarkeitsstudie noch in der Prüfphase befindet, kann diese unter Berücksichtigung der bestehenden Konkurrenzveranstaltungen konzipiert und terminiert werden.

Die Konkurrenzanalyse wird mit den getroffenen Annahmen aus dem Grobkonzept eingegrenzt, sodass nicht der gesamte Messemarkt relevant ist. Die Besucher von Verbraucherausstellungen haben eine maximale Anreisebereitschaft von

79 Vgl. Sinus Sociovision GmbH, 2010, o. S.

bis zu 100 Kilometern. Mithilfe einer solchen Annahme kann die Konkurrenzanalyse für ein Messekonzept geografisch eingegrenzt werden.Es fließen wiederum nur diejenigen Konkurrenzveranstaltungen aus dem gewählten Umkreis in die Analyse ein, welche ein ähnliches Messethema haben. Daraus ergibt sich eine Konkurrenzanalyse, bei der das Angebot und deren Preis-Leistungsverhältnis (Standpreise, Werbemaßnahmen etc.) im Fokus liegen.

4.2.2 Stakeholderanalyse

Eine Mindestanzahl an Ausstellern und Besuchern ist Grundlage für das Zustandekommen einer Veranstaltung. Neben diesen unmittelbaren Interessensgruppen, welche Ansprüche gegen den Messeveranstalter erheben, gibt es weitere Interessensgruppen, welche ebenfalls von der Durchführung einer Messe profitieren: Diese Stakeholder sind „Individuen oder Gruppen, welche Ziele einer Organisation beeinflussen können oder welche von deren Zielerreichung betroffen sind.“[80] Die Mindestanzahl an Ausstellern sowie Besuchern kann nur erreicht werden, wenn diese über verschiedene Kanäle angesprochen werden. Enge Kontakte zu den Interessensgruppen dieser Kanäle sollten demzufolge Voraussetzung für die Entwicklung einer Messe sein.[81]

Medienpartner

Fachmedien und tagesaktuell berichtende Medien sind strategische Partner, welche besonders in der Vorbereitungszeit eingebunden werden sollten und die „intensive markt- und produktbezogene Kommunikation“[82] aktiviert. Im Vorfeld der Veranstaltung übernehmen Medien die Aufgabe, die Messe durch umfassende redaktionelle Vorberichtserstattung detailliert darzustellen und eine Erwartungshaltung der Besucher entstehen zu lassen, welche den immateriellen Charakter dieser Dienstleistung verringert. Während der Messelaufzeit konkretisiert sich die Berichtserstattung durch die Vermittlung von Informationen sowie bildlichen Impressionen und dient als Instrument zur Besucherakquisition. Nach Beendigung der Messe kommunizieren die Medien gesammelte Eindrücke

80 Oehlrich, 2009, S. 467.
81 Vgl. Kresse, 2003, S.105.
82 Goehrmann, 2003, S. 91.

(z. B. Stimmen der Besucher und Aussteller) sowie den Ausblick auf zukünftige Veranstaltungen.[83]

Die Ergebnisse einer Zusammenarbeit wirken sich für beide Seiten positiv aus. Die wichtigsten Kooperationspartner für Verbrauchermessen stellen regionale Printmedien (z. B. Tageszeitungen) aber auch Fachzeitschriften dar. Sie sind Multiplikatoren zur Berichtserstattung im Vorfeld und während des Messeverlaufs. Aussteller sind damit potentielle Kunden für Inserate.[84] Bereits bestehende Medienpartnerschaften können im Rahmen einer Kooperation vertieft werden. Eine solche Zusammenarbeit umfasst beispielsweise eine kostenlose Bereitstellung einer Standfläche und Print des Zeitungslogos auf allen Werbematerialien der Messeveranstaltung im Gegenzug zu einer kostenlosen Berichterstattung. Die mediale Wirkung ist groß und erreicht die gewünschte Zielgruppe. Eine positive Berichterstattung kann nicht nur den Bekanntheitsgrad der Messe sondern auch des Veranstalters steigern. Im Rahmen einer Kooperation profitiert der Medienpartner davon, in Kontakt mit neuen Kunden und der Leserschaft zu treten, sowie die aktuellsten Informationen über Trends, neue Produkte und Innovationen zu erhalten.[85]

Verbände

Insbesondere bei Fachmessen treten Verbände als ideelle Träger einer Messe auf. Der Vorteil eines solchen Partners ist, dass eine Identifikation der Branche nach außen vermittelt wird und als Orientierungshilfe für Aussteller und Besucher dient. Durch eine Partnerschaft mit einem Verband kann Seriosität vermittelt und somit Vertrauen bei den Zielgruppen gewonnen werden. Verbände können dem Veranstalter durch aktive Pressearbeit bei der Positionierung der Messe helfen.[86]

Im Bereich der Verbrauchermessen wirkt sich die Zusammenarbeit mit Verbänden ebenfalls positiv aus, wobei die Bedeutung einer Kooperation geringer ist, als bei der Durchführung von Fachmessen. Eine Zusammenarbeit mit einem

83 Vgl. Goehrmann, 2003, S. 91; Kromer von Baerle, Müller, 2003, S. 781 f.
84 Vgl. Witt, 2005, S. 11 f.
85 Vgl. Witt, 2005, S. 11 f.
86 Vgl. Kresse, 2003, S.109 f.

Verband kann den unmittelbaren Kontakt zu potentiellen Ausstellern herstellen und durch einen Informationsstand die Besucher vor Ort über Neuigkeiten und die Thematik unterrichten.

Hotels

Besucher von Verbrauchermessen reisen im Gegensatz zu Fachbesucher aus einem relativ kleinen Umkreis um den Messestandort an und müssen deshalb nicht in Hotels übernachten. Nichtsdestotrotz kann als Serviceleistung angeboten werden, dass den Ausstellern, welche auch aus überregionalen Entfernungen anreisen, in diesen Hotels Sonderkonditionen angeboten werden. Hotels sind daran interessiert, komplett ausgebucht zu sein und räumen deshalb Sondermessekonditionen für Aussteller ein. Als Gegenleistung empfiehlt der Messeveranstalter diese Hotels bevorzugt an die Aussteller und führt diesen Kooperationspartner wirksam in seinen (Print-)Medien auf. Umgekehrt profitieren die meisten Hotels von einer Messe und passen ihre Preise an die besondere Angebot-Nachfrage-Situation an, sodass die Preise in Messezeiten auf ein Vielfaches ansteigen.

Tourismusinformation und das Stadtmarketing

Tourismusämter haben das Ziel, ihre Stadt so attraktiv wie möglich zu gestalten, dazu tragen auch Messen bei, die große Besuchermassen anziehen. Einige diese Besucher konsumieren auch in der Stadt (Hotelübernachtungen, Restaurants, Einkaufsläden etc.) und erzeugen eine sogenannte Umwegrentabilität. Die Auslage von Flyern in der Tourismusinformationsstelle, sowie beispielsweise die Nennung des Veranstaltungslinks auf der Website wären typische Kooperationsleistungen mit einem Messeveranstalter. Zusätzliche Anreize für den Messebesuch können über Veranstaltungen außerhalb des Messegeländes (z. B. Filmvorführungen, Events in der Innenstadt) geschaffen werden und das Messeerlebnis der Besucher abrunden.[87]

87 Vgl. Kromer von Baerle, Müller, 2003, S. 782.

Sonstige Stakeholder

Auf eine Messe wirken noch einige weitere Interessensgruppen ein. Dazu zählen unter anderem der Verpächter der Veranstaltungsstätte, alle Lieferanten sowie auch staatliche Einrichtungen (z. B. das Ordnungsamt).

4.2.3 Business Case

„Ein Business Case ist ein Szenario zur betriebswirtschaftlichen Beurteilung einer Investition."[88] Mithilfe von plausiblen Annahmen über die Zukunft, welche aus Erfahrungswerten stammen oder nachvollziehbar über Kennzahlen hergeleitet werden, kann ein Nachweis über die Rentabilität eines Projektes, also auch für die Realisierung eines neuen Messekonzepts, erbracht werden. Der Business Case erhöht anhand einer fundierten Analyse u. a. die Entscheidungssicherheit und schafft Transparenz. Neben einer vollständigen Planung der Kosten müssen auch alle erwarteten Ertragspotentiale und Kosteneinsparungen identifiziert werden.[89]

Kosten

Planerische Grundlagen sind zur Kalkulation der voraussichtlichen Gesamtkosten notwendig.[90] Aus diesem Grund werden in einem Business Case alle Kosten aufgeführt, die während des gesamten Zeitraums der Messeentwicklung und -realisierung anfallen. Die Kosten, sowie die Einnahmen beruhen auf Erfahrungs- bzw. Schätzwerten (z. B. von vergangenen Veranstaltungen oder aus Angeboten).

Zu den wichtigsten Kostenstellen gehören folgende Positionen:

- Werbung (u. a. Banner, Flyer, Plakate)
- Anzeigenschaltung
- Internes Personal des Veranstalters
- Externes Personal (z. B. Kassenpersonal, Security Service, Aufbaupersonal)
- Miete
- Infrastruktur (u. a. Strom, WC inkl. Reinigung)
- Sonstiges (DRK, Porto für diverses Versandmaterial, Rahmenprogramm)

88 Brugger, 2009, S. 11.
89 Vgl. Brugger, 2009, S. 5 ff.
90 Vgl. Brugger, 2009, S. 11 f.

Die internen Personalkosten stammen aus einer Verrechnung der geregelten Arbeitszeit (in Stunden) mit dem internen Stundensatz, welcher alle Beschäftigungskosten (z. B. anteilige Miete, Büroausstattung, Gehälter) umfasst. Zu beachten ist, dass der planerische Aufwand für die erste Durchführung deutlich größer ist, als für die Folgeveranstaltungen, da beispielsweise die Recherchen nach potentiellen Ausstellern und deren Akquise, die Entwicklung des Detailkonzepts (inkl. Gestaltung aller Dokumente und des Key Visuals), Abstimmungen mit dem Verpächter, Erstellung des Hallenplans etc. viel Zeit in Anspruch nehmen. Das mit den Jahren steigende Know-How und der Aufbau eines Netzwerks führen dazu, dass sich die Arbeitszeit im Lauf der Jahre bei gleichbleibendem Pensum verringert.

Einnahmen

Neben Kosten fließen auch die Einnahmen in einen Business Case ein. Die wichtigsten Einnahmequellen lauten wie folgt:

- Standflächenvermietung (ggf. Stromgebühren)
- Anzeigenbuchungen in der Messezeitung
- Sponsoreneinnahmen
- Besuchereintrittsgelder

Die Messeteilnahmebereitschaft der Aussteller und Besucher lässt sich durch Marketingaktivitäten und Anpassung der Messerahmenbedingungen an die Bedürfnisse der Kunden erhöhen. Allerdings hängt die Teilnahme von weiteren Faktoren ab, welche nur schwer beeinflussbar sind (z. B. Witterungsbedingungen). Damit lassen sich die Einnahmequellen schwierig planen und werden aus diesem Grund einem Case-Szenario unterzogen (s. Abbildung 6).

Standflächenvermietung

Kosten, Konkurrenten und Nachfrage fließen als Bestimmungsfaktoren in die Festsetzung des Standpreises ein.[91]

Die Standeinnahmen berechnen sich aus dem Quadratmeterpreis in Verbindung mit der Anzahl an vermieteten Quadratmetern. Eine konkrete Bestimmung der Anzahl an gebuchten Quadratmetern und damit verbunden die Festlegung eines entsprechenden Standpreises ist problematisch, weil die Messe noch nicht realisiert worden ist. Falls eine Ausstellerbefragung im Rahmen einer Konzeptabfrage durchgeführt wird, empfiehlt es sich, die präferierte Standfläche und die maximale Zahlungsbereitschaft pro Quadratmeter abzufragen. Aus diesen beiden Zielgrößen ergibt sich die Kalkulation eines Durchschnittspreises mit Berücksichtigung der Preisen von Konkurrenzveranstaltungen.

Stromgebühren

Es besteht die Möglichkeit die Stromgebühren auf alle Aussteller im Rahmen eines Basispakets umzulegen oder alternativ die Stromgebühren nur denjenigen Ausstellern zu berechnen, die tatsächlich Strom an ihrem Stand benötigen. Für letztere Variante kann ein Erfahrungswert angesetzt werden oder ein Angebot eingeholt werden und mit einer angenommenen Buchungsquote berechnet sich der Preis für die Strombuchung.

Anzeigenbuchungen in der Messezeitung

In einer Messezeitung werden das Rahmenprogramm, der Standplan mit Ausstellerkatalog und weitere Informationen rund um die Messe aufgeführt. Nach Zahlung des Eintrittspreises erhält jeder Besucher eine Messezeitung um sich Vorort auf der Messe orientieren zu können. In der Regel werden Anzeigenplätze vergeben, in denen Aussteller gesondert auf sich aufmerksam machen können. Die Anzeigenakquise bietet für den Veranstalter den Vorteil, dass die Messezeitung zumeist mit den gebuchten Anzeigen finanziert wird und sogar eine weitere Einnahmequelle geschaffen wird. Die Festlegung des Anzeigenpreises in

91 Vgl. Holzner, 2006, S. 7.

Verbindung mit Annahmen über die Buchungsanzahl ist ebenfalls Bestandteil des Business Case.

Sponsoren

Die Sponsoreneinnahmen beruhen ebenfalls auf Schätzungen. Im schlimmsten Fall werden keine Sponsoreneinnahmen erzielt und im besten Fall der höchste bei anderen Veranstaltungen eingenommene Sponsorenbetrag. Der realistische, durchschnittliche Betrag wird im Middle-Case-Szenario angesetzt.

Besuchereintrittsgelder

Die Anzahl der Besucher ergibt sich aus der Umfrage, in der Aussteller angegeben haben, wie viele Besucher notwendig sind, um ihre Messeziele erreichen zu können. Im unten aufgeführten Beispiel wird davon ausgegangen, dass im schlechtesten Fall nur 1.000 Besucher pro Tag die Messe besuchen. Die Besucherzahlen des Middle-Case-Szenario ergeben sich aus den Erfahrungswerten anderer Eigenveranstaltungen. Der Eintrittspreis orientiert sich an den Konkurrenzveranstaltungen sowie an dem Preisgefüge anderer Messen des Veranstalters. Je nach erwartetem Besucherpublikum kann in Abhängigkeit zum Konzept ein vergünstigter Eintrittspreis für bestimmte Zielgruppen eingeführt werden, um einen Messebesuch noch attraktiver zu gestalten (z. B. für Schüler und Studenten). Im Business Case wird somit ein gewisser Anteil für Besucher mit ermäßigten Eintritt ausgewiesen.

Auswertung Business Case

Das in Abbildung 6 aufgeführte Beispiel verdeutlicht, dass die Realisierung einer Messe und deren Erfolg in hohem Maße von den Besucher- und Ausstellerzahlen abhängen. Bei realistischer Betrachtung wird in diesen Besipiel bereits im ersten Jahr ein geringer Gewinn von 1.738,40 Euro eingenommen. Nehmen jedoch einzelne Einnahmequellen eine positive Entwicklung (z. B. unerwartet hohe Besucherzahlen aufgrund guter Wetterbedingungen), so erhöht sich der Gewinn. Es besteht allerdings ein Risiko, dass die unten aufgeführte Beispielmesse im ersten Jahr negative Zahlen schreibt, also Verluste verzeichnet werden. Dafür müssten sich die erwarteten Aussteller- und Besucherzahlen negativ entwickeln oder unvorhergesehene Kostenblöcke ansteigen.

Zum Business Case gehört ebenso eine Einschätzung bezüglich der zukünftigen Entwicklung der Wirtschaftlichkeitsrechnung. Generell kann bereits im zweiten Jahr davon ausgegangen werden, dass sich mit der gestiegenen Erfahrung der Mitarbeiter des Veranstalters die dafür notwendige Arbeitszeit verringert und somit die Organisationskosten sinken. Die Erstellung eines Keyvisuals beispielsweise ist einmalig durchzuführen, wodurch sich die Arbeitszeit in der Grafikabteilung des Messeveranstalters entsprechend verringert.

Außerdem wird angenommen, dass die Messe im zweiten Jahr mehr Besucher anzieht, u. a. durch Presseberichte, Mund-zu-Mund-Propaganda. Der Besucher selbst fungiert als kostenloser Werbeträger einer Messe und hat das Potenzial, deren Bekanntheitsgrad in der Region zu steigern.[92] Im zweiten Jahr sind also mehr Eintrittseinnahmen zu erwarten. Eine Steigerung der Ausstellerzahlen ist jedoch unwahrscheinlich: In der Regel nehmen etwa 70% aller Aussteller in der darauffolgenden Veranstaltung wieder teil. Eine Neukundenakquise von 30% wäre denkbar, um dieselben Ausstellerzahlen wie im Vorjahr zu erreichen. Nicht zu unterschätzen ist allerdings die Kommunikation innerhalb einer Branche: Positive wie negative Erfahrungen und Entwicklungen werden rasant übermittelt, sowohl durch die Presse als auch durch das Gespräch der Marktteilnehmer untereinander. Die Anzahl an Ausstellern und Besuchern können nicht getrennt voneinander betrachtet werden. Steigt die Besucheranzahl, so reagieren die Aussteller auf diese erhöhte Nachfrage.

Wenn die Nachfrage an einer Messe steigt, kann eine Erhöhung der Standgebühren oder der Eintrittspreise als Reaktion auf dieses Wachstum erfolgen und damit mehr Gewinn bei gleichbleibenden Kosten bzw. sinkenden internen Organisationsaufwand (im Vergleich zur Erstveranstaltung) erwirtschaftet werden. Alternativ ist es denkbar, Etats zu kürzen, wodurch unmittelbar eine Kostenersparnis eintritt, welche sich positiv auf den Gewinn auswirkt. Eine Kosteneinsparung im Bereich des Marketings setzt eine gestiegene Bekanntheit der Messe

92 Vgl. Kromer von Baerle, Müller, 2003, S. 784.

voraus, weshalb diese Maßnahme besonders in den ersten Jahren einer Veranstaltung empfehlenswert ist.

Ausgaben	Einheit	Nettobeträge
Miete	**€**	**3.800,00**
Werbung	**€**	**5.000,00**
Anzeigenschaltung	**€**	**7.500,00**
Internes Personal	**€**	**20.000,00**
externes Personal	**€**	**3.000,00**
Infrastruktur	**€**	**3.000,00**
Sonstiges	**€**	**5.000,00**
Ergebnis	**€**	**47.300,00**

Einnahmen	Einheit	Worst-Case	Middle-Case	Best-Case	Bemerkung
Anzahl Aussteller	#	30	50	100	
Standgebühren	**€**	**12.300,00**	**20.500,00**	**41.000,00**	**410,00 €/Stand * Anzahl Aussteller**
Stromgebühren (80€*(20%*Anzahl Aussteller))	**€**	**480,00**	**800,00**	**1.600,00**	
Anzeigenschaltung in Messebroschüre	**€**	**0,00**	**1.000,00**	**2.500,00**	**250,00 €/Anzeige**
Sponsoren	**€**	**0,00**	**3.000,00**	**7.000,00**	
Gesamtanzahl Besucher pro Tag	#	1.000	3.000	7.000	
-kostenloser Eintritt: Menschen mit Behinderung (-9%)	#	90	270	630	
-rabattierter Eintritt: Schüler, Studenten, Arbeitslose (30%)	#	300	900	2.100	
regulär zahlende Besucher	#	610	1.830	4.270	
Eintrittsgelder (ermäßigter Preis) pro Tag	€	882,00	2.646,00	6.174,00	ermäßigter Preis: € 3,50-19%=€ 2,94
Eintrittsgelder (regulärer Preis) pro Tag	€	3.074,40	9.223,20	21.520,80	regulärer Preis: € 6,00€-19%=€ 5,04
Besuchereintrittsgelder gesamt pro Veranstaltung	**€**	**7.912,80**	**23.738,40**	**55.389,60**	**2 Tage**
Ergebnis	**€**	**20.692,80**	**49.038,40**	**107.489,60**	
G/V	**€**	**-26.607,20**	**1.738,40**	**60.189,60**	**Ausgaben-Einnahmen**

Abbildung 6: Beispielhafter Business Case einer Verbrauchermesse

5 Der Weg zum Detailkonzept

Mithilfe der gewonnenen Erkenntnisse aus der Machbarkeitsstudie wird eine Handlungsempfehlung über die Realisierbarkeit und der Rentabilität eines neuen Messekonzepts formuliert.

Im Falle einer „Go-Entscheidung“, also für die Durchführung des Projektes, beginnt die Erstellung einer detaillierteren Konzeption mit Ausarbeitung eines Marketing-Planes.

Insbesondere für die weitere Kommunikation mit potentiellen Ausstellern und Besuchern sollten u. a. folgende Punkte für die Umsetzung angegangen werden:[93]

- Festlegen eines Namens und Logos (Corporate Design)
- Erstellen einer Website, Broschüren und andere Werbemittel
- Aussteller- und Besucherakquise
- Schnüren von Sponsoren-Paketen
- Erstellen einer Datenbank
  (u. a. Aussteller, Lieferanten, Kooperationspartner)
- Kooperationen mit verschiedenen Stakeholdern

Trotz der ggf. hohen Zeitintensivität eine Messekonzeptidee im Rahmen einer Machbarkeitsstudie zu beleuchten, lohnt sich die Untersuchung des Marktes und eine Vorabkalkulation, da ein erfolgloses Projekt im Endeffekt teurer ist, als die Durchführung einer Studie. Mithilfe der Marktanalyse lernt der Veranstalter die Branche und deren Marktteilnehmer kennen. Dieses gewonnene Know-How ermöglicht es, das Konzept zielgruppenspezifisch anzupassen und dieses an die Bedürfnisse der Interessensgruppen auszurichten, wodurch sich die Erfolgschance der Messe wiederum erhöht.

93 Vgl. im Folgenden Kalka, 2005 a, S. 334 ff.

Literaturverzeichnis

AUMA_Ausstellungs- und Messe-Ausschuss der Deutschen Wirtschaft e.V. (2013): Klassifizierung von Messen in Deutschland, http://www.auma.de/de/Downloads Publikationen/PublicationDownloads/AUMA-Typologie.pdf (abgerufen am 14.06.2014).

Baumann, Hubert (2013): Strategische und operative Aspekte des Business Developments, http://www.hubertbaumann.com/2013/05/04/business-development-strategisch-operativ/ (eingestellt am 04.05.2013, abgerufen am 15.05.2014).

Brugger, Ralph (2009): Der IT Business Case – Kosten erfassen und analysieren, Nutzen erkennen und quantifizieren, Wirtschaftlichkeit nachweisen und realisieren, 2. Auflage, Berlin/Heidelberg (Springer-Verlag).

Delfmann, Werner; Arzt, Rowena (2005): Optionen der Internationalisierung als strategisches Entscheidungsfeld von Messegesellschaften, in: Delfmann, Werner; Köhler, Richard; Müller-Hagedorn, Lothar (Hrsg.): Kölner Kompendium der Messewirtschaft, Köln (Wissenschaftsverlag), S. 141 - 159.

DIN Deutsches Institut für Normung e. V. (2009 a): Projektmanagement – Projekt-managementsysteme – Teil 2: Prozesse, Prozessmodell. DIN 69901-2, Berlin (Beuth Verlag).

DIN Deutsches Institut für Normung e. V. (2009 b): Projektmanagement – Projekt-managementsysteme – Teil 5: Begriffe. DIN 69901-5, Berlin (Beuth Verlag).

Fuchslocher, Hermann; Hochheimer, Harald (2000): Messen im Wandel: Messemarketing im 21. Jahrhundert, Wiesbaden (Gabler Verlag).

Goehrmann, Klaus (2003): Messen als Instrument des Regionen- und Politikmarketings, in: Kirchgeorg, Manfred et al. (Hrsg.): Handbuch Messemanagement, Wiesbaden (Gabler Verlag), S. 89 – 95.

Groth, Claus (1992): Das Marketing der Messegesellschaften, in: Strothmann, Karl-Heinz; Busche, Manfred (Hrsg.): Handbuch Messemarketing, Wiesbaden (Gabler Verlag), S. 157 – 178.

Groth, Claus; Lentz, Ingo (1994): Die Messe als Dreh- und Angelpunkt: multifunktionales Instrument für erfolgreiches Marketing, 2. Auflage, Landsberg am Lech (Verlag Moderne Industrie).

Henke, Jutta (2012): Infoblatt Harte und weiche Standortfaktoren, http://www2.klett.de/sixcms/list.php?page=infothek_artikel&extra=TERRA%20EWG-Online&artikel_id=95151&inhalt=klett71prod_1.c.155504.de (eingestellt am 25.05.2012, abgerufen am 12.05.2014).

Holzner, Anna (2006): Nutzenorientiertes Pricing von Messeleistungen, Wiesbaden (Deutscher Universitäts-Verlag).

Huber, Annekatrin (1994): Wettbewerbsstrategien deutscher Messegesellschaften, Frankfurt am Main (Lang Verlag).

Ingold, Urs A. (2003): Relaunches von Messeveranstaltungen, in: Kirchgeorg, Manfred et al. (Hrsg.): Handbuch Messemanagement: Planung, Durchführung und Kontrolle von Messen, Kongressen und Events, Wiesbaden (Gabler Verlag), S. 513 - 528.

Jung, Hans (2010): Allgemeine Betriebswirtschaftslehre, 12. Auflage, München (Oldenbourg Wissenschaftsverlag GmbH).

Kalka, Regina (2003): Strategische Grundsatzentscheidungen im Messemanagement, in: Kirchgeorg, Manfred et al. (Hrsg.): Handbuch Messemanagement: Planung, Durchführung und Kontrolle von Messen, Kongressen und Events, Wiesbaden (Gabler Verlag), S. 391 - 405.

Kalka, Regine (2005 a): Elemente der Marketingpolitik auf Geschäfts- und Projektebene, in: Delfmann, Werner; Köhler, Richard; Müller-Hagedorn, Lothar (Hrsg.): Kölner Kompendium der Messewirtschaft: Das Management von Messegesellschaften, Köln (Kölner Wissenschaftsverlag), S. 323 - 340.

Kalka, Regine (2005 b): Produkt- und Servicepolitik, in: Delfmann, Werner; Köhler, Richard; Müller-Hagedorn, Lothar (Hrsg.): Kölner Kompendium der Messewirtschaft: Das Management von Messegesellschaften, Köln (Kölner Wissenschaftsverlag), S. 341 - 358.

Kim, Bong-Seok (2003): Management der Dienstleistungsqualität im Messewesen, Berlin (Mensch & Buch Verlag).

Kinkel, Steffen; Buhmann, Michael (2009): Problemlage und Zielstellung: ein Vorgehensmodell zur strategiekonformen und dynamischen Standortbewertung, in: Kinkel, Steffen (Hrsg.): Erfolgsfaktor Standortplanung. In- und ausländische Standorte richtig bewerten, 2. Auflage, Berlin/Heidelberg (Springer-Verlag), S. 35 - 49.

Kirchgeorg, Manfred (2003): Funktion und Erscheinungsformen von Messen, in: Kirchgeorg, Manfred et al. (Hrsg.): Handbuch Messemanagement: Planung, Durchführung und Kontrolle von Messen, Kongressen und Events, Wiesbaden (Gabler Verlag), S. 51 - 72.

Kirchgeorg, Manfred; Klante, Oliver (2003): Strategisches Messemarketing, in: Kirchgeorg, Manfred et al. (Hrsg.): Handbuch Messemanagement: Planung, Durchführung und Kontrolle von Messen, Kongressen und Events, Wiesbaden (Gabler Verlag), S. 365 - 390.

Kirchgeorg, Manfred; Wiedmann, Martin; Ermer, Beatrice (2012): B2C-Trendstudie: Perspektiven, Potenziale und Positionierung von Publikumsmessen, Hrsg.: AUMA_Ausstellungs- und Messe-Ausschuss der Deutschen Wirtschaft e.V., Berlin.

Koch, Jörg (2012): Marktforschung. Grundlagen und praktische Anwendungen, 6. Auflage, München (Oldenbourg Wissenschaftsverlag GmbH).

Kotler, Philip; Keller, Kevin Lane; Bliemel, Friedhelm (2007): Marketing-Management. Strategien für wertschaffendes Handeln, 12. Auflage, München (Pearson Studium).

Kresse, Hermann (2003): Die Bedeutung von Verbänden und Institutionen in der Messewirtschaft, in: Kirchgeorg, Manfred et al. (Hrsg.): Handbuch

Messemanagement: Planung, Durchführung und Kontrolle von Messen, Kongressen und Events, Wiesbaden (Gabler Verlag), S. 103 - 116.

Kresse, Hermann; Engelsberg, Kai (2006): Recht der Messewirtschaft, Baden-Baden (Nomos Verlagsgesellschaft).

Kromer von Baerle, Ulrich; Müller, Bernhard (2003): Instrumente der Besucherakquisition, in: Kirchgeorg, Manfred et al. (Hrsg.): Handbuch Messemanagement: Planung, Durchführung und Kontrolle von Messen, Kongressen und Events, Wiesbaden (Gabler Verlag), S. 773 - 784.

Kuster, Jürg et al. (2011): Handbuch Projektmanagement, 3. Auflage, Heidelberg (Springer-Verlag).

m+a Internationale Messemedien (o. J.): Verbrauchermessen, Regionalausstellungen und Konsumgütermessen in Deutschland, http://www.expodatabase.de/messen-deutschland/allgemein/ (abgerufen am 20.05.2014).

Meffert, Heribert; Bruhn, Manfred (2012 a): Dienstleistungsmarketing – Grundlagen – Konzepte – Methoden, 7. Auflage, Wiesbaden (Springer Gabler).

Oehlrich, Marcus (2009): Betriebswirtschaftslehre - Eine Einführung am Businessplan-Prozess, München (Verlag Franz Vahlen).

Projekt Magazin (2014): Machbarkeitsstudie, https://www.projektmagazin.de/glossarterm/machbarkeitsstudie (abgerufen am 13.05.2014).

Rominger, Rudolf (o. J.): Business Development und Marketing, http://avito-law-blog-mandanten-gewinnen.de/begriffserklaerung/begriffserklarung-business-development-und-marketing/ (abgerufen am 19.05.2014).

Scheffler, Hartmut; Riemann, Viola (2003): Marktforschungsinstrumente der strategischen Messeplanung, in: Kirchgeorg, Manfred et al. (Hrsg.): Handbuch Messemanagement: Planung, Durchführung und Kontrolle von Messen, Kongressen und Events, Wiesbaden (Gabler Verlag), S. 301 - 313.

Schmidbauer, Klaus (2011): Vorsprung mit Konzept: Erfolgreiche Konzepte für die Unternehmens- und Marketingkommunikation entwickeln, Berlin (Talpa-Verlag).

Schmitt, Matthias (2013): Produktentwicklung als effektiver und effizienter Beitrag zu Wachstumsstrategien, in: Klein, Andreas (Hrsg.): Business Development Controlling - Strategische Wachstumsinitiativen zum Erfolg führen, München (Haufe-Lexware GmbH & Co. KG), S. 96 - 111.

Sinus Sociovision GmbH (2010): Die Sinus-Milieus®, http://www.sinus-institut.de/fileadmin/dokumente/Infobereich_fuer_Studierende/Infoblatt_Studentenversion_2010_02.pdf (abgerufen am 12.05.2014).

Troll, Kurt F. (2003): Messekonzepte im Wandel der Zeit – Von der „Leidmesse“ zur „Leitmesse“, in: Kirchgeorg, Manfred et al. (Hrsg.): Handbuch Messemanagement: Planung, Durchführung und Kontrolle von Messen, Kongressen und Events, Wiesbaden (Gabler Verlag), S. 31 - 50.

Ulrich, Alex (2003): Strategische Marktforschung einer Messegesellschaft, in: Kirchgeorg, Manfred et al. (Hrsg.): Handbuch Messemanagement: Planung, Durchführung und Kontrolle von Messen, Kongressen und Events, Wiesbaden (Gabler Verlag), S. 281 - 299.

Wehmeier, Volker (2007): Geschäftsfeldentwicklung: Leitfaden für Business Development und Neugeschäft, Norderstedt (Books on Demand).

Witt, Jochen (2005): Wettbewerbssituation in Deutschland und weltweit, in: Delfmann, Werner; Köhler, Richard; Müller-Hagedorn, Lothar (Hrsg.): Kölner Kompendium der Messewirtschaft: Das Management von Messegesellschaften, Köln (Kölner Wissenschaftsverlag), S. 3 - 28.

SCRUM IN DER MESSEWIRTSCHAFT

EIN ANSATZ ZUR IMPLEMENTIERUNG DER SCRUM-METHODE IN DIE MESSEORGANISATION

Tanja Durke

Inhaltsverzeichnis

Abkürzungsverzeichnis

AUMA	-	Ausstellungs- und Messe-Ausschuss der Deutschen Wirtschaft e.V.
GewO	-	Gewerbeordnung
VDMA	-	Verband Deutscher Maschinen- und Anlagenbau e.V.
OOPSLA	-	Object-Oriented Programming, Systems, Languages and Applications

Abbildungsverzeichnis

1 Einleitung

In der MICE-Branche (Meetings, Incentives, Conventions/Congresses, Events) sind Kreativität und Einfallsreichtum mitunter essentielle Voraussetzungen für den Erfolg der Protagonisten, um das Zielpublikum mit Neuheiten zu begeistern.

Neu ist dabei das Stichwort für die Messewirtschaft, einem MICE-Segment. Der Messemarkt in Deutschland ist einer der Treffpunkte für Innovationen aus der ganzen Welt.[1] Jedes Jahr finden so neue Produkte ihren Weg in den Verkauf. Mehr als 60% der Leitmessen[2] sind in dem Messeland Nummer 1 beheimatet, in dem Veranstalter, Besucher, Aussteller, Messebauer und andere auf 22 Messeplätzen zusammenkommen.[3]

Um weiterhin branchenführend zu bleiben und den „zukünftigen Veränderungen und Herausforderungen vorbereitet zu begegnen“[4], sollte Weiterentwicklung in allen Aspekten eine Rolle spielen. Wird jedoch gezielt nach Neuheiten gesucht, die sich auf die Verbesserung der Organisation von Messen beziehen, lassen sich diese nicht so leicht finden. Hier sind es vorrangig die altbewährten, herkömmlichen Methoden, Techniken und Werkzeuge, wie Projektpläne oder Checklisten, von denen die Veranstalter im Planungsprozess Gebrauch machen.[5] Will Deutschland wettbewerbsfähig bleiben, ergibt sich die Notwendigkeit, dass ebenfalls in diesem Bereich der Fortschritt nicht fehlen darf.[6]

Der gezeigte Innovationsbedarf ist ausschlaggebend für das nun folgende Ziel dieses Beitrags:

Es soll versucht werden, ein neues Tool in die Messeorganisation zu integrieren. Bekannt als die Scrum-Methode, wird das Tool bereits erfolgreich in der Softwareentwicklung eingesetzt, wo es auch seinen Ursprung hat.[7]

1 Vgl. AUMA, 2015a.
2 Schoop, 2003, S. 26, zitiert nach Appel: „'Eine Leitmesse ist die marktführende Fachveranstaltung einer Branche. Sie gilt als einzigartiger Branchenwegweiser und zeigt Trends eines Wirtschaftszweiges auf, wobei das international relevante Angebot einer internationalen Nachfrage gegenübersteht'“.
3 Vgl. AUMA, 2015b.
4 Luppold, 2014, S. 5.
5 Vgl. Neumann, 2015.
6 Vgl. Neumann, 2015.
7 Vgl. Schilling, 2015.

Zur Bearbeitung des Themas bedarf es verschiedener Voraussetzungen, wobei der Fokus insbesondere auf folgenden Fragestellungen liegt:

- Sind Messen spezielle Projekte?
- Welche Tools werden bis dato in der Messorganisation verwendet?
- Ist eine Messe am Ende nicht auch ein Produkt?
- Scrum: wo kommt die Methode her, wer hat sie entwickelt und wie läuft Scrum ab?

All dies soll schlussendlich Aufschluss darüber geben, wie die Scrum-Methode in den Prozess der Messeorganisation implementiert werden kann.

2 Grundlagen zur Messewirtschaft

2.1 Messe

Der Messebegriff hat eine lange Geschichte. Erstmals wurde er im Jahr 1329 in deutschen Quellen entdeckt.[8] Zu dieser Zeit war die Bezeichnung noch gleichzusetzen mit einem Jahrmarkt oder dem Markt an sich. Erst im Hochmittelalter entwickelte sich das Messewesen als bedeutender Treffpunkt für den Warenhandel in Europa. Beginnend in der Champagne, breitete es sich auf dem gesamten Kontinent aus. Bis heute beeinflusst es so die Wirtschaft.[9]

In § 64 der Gewerbeordnung (im Folgenden mit GewO abgekürzt) wird der Messebegriff wie folgt definiert: „(1) Eine Messe ist eine zeitlich begrenzte, im allgemeinen regelmäßig wiederkehrende Veranstaltung, auf der eine Vielzahl von Ausstellern das wesentliche Angebot eines oder mehrerer Wirtschaftszweige ausstellt und überwiegend nach Muster an gewerbliche Wiederverkäufer, gewerbliche Verbraucher oder Großabnehmer vertreibt. (2) Der Veranstalter kann in beschränktem Umfang an einzelnen Tagen während bestimmter Öffnungszeiten Letztverbraucher zum Kauf zulassen“.[10]

Der Ausstellungs- und Messe-Ausschuss der Deutschen Wirtschaft e.V. (im Folgenden mit AUMA abgekürzt) formte 1996 ebenfalls eine Definition: „Messen sind zeitliche begrenzte, wiederkehrende Marktveranstaltungen, auf denen – bei vorrangiger Ansprache von Fachbesuchern – eine Vielzahl von Unternehmen das wesentliche Angebot eines oder mehrerer Wirtschaftszweige ausstellt und überwiegend nach Muster an gewerbliche Abnehmer vertreibt“.[11]

Beide Auslegungen scheinen zunächst sehr ähnlich. Bei der AUMA-Definition ist jedoch die Ansprache des Endverbrauchers nicht ganz so stark eingeschränkt wie in der GewO. Da die erste Definition demnach klarer formuliert ist, wird an dieser Stelle mit ihr weitergearbeitet.

8 Vgl. Jarnut, 1991, S. 2.
9 Vgl. Rodekamp, 2003, S. 7.
10 GewO, 2013, § 64 (1) u. (2).
11 AUMA, 1996, S. 2.

2.2 Abgrenzung zur Ausstellung

Ausstellung wird häufig synonym zu Messe verwendet. Der AUMA und auch die GewO legen jedoch Wert auf eine strickte Trennung der beiden.

In § 65 der GewO wird der Ausstellungsbegriff wie folgt definiert: „Eine Ausstellung ist eine zeitlich begrenzte Veranstaltung, auf der eine Vielzahl von Ausstellern ein repräsentatives Angebot eines oder mehrerer Wirtschaftszweige oder Wirtschaftsgebiete ausstellt und vertreibt oder über dieses Angebot zum Zweck der Absatzförderung informiert".[12] Durch den AUMA wird ergänzt, dass die Ansprache „des allgemeinen Publikums" im Mittelpunkt steht.[13]

Die Anmerkung des AUMAs erweckt den Eindruck, dass der größte Unterschied zwischen Messen und Ausstellungen darin besteht, dass eine Messe vorrangig für Fachbesucher („gewerbliche Wiederverkäufer"[14]) zugänglich ist, während auf Ausstellungen Endverbraucher bzw. Privatpersonen zu finden sind. Weiterhin zählt Kirchgeorg den erweiterten Umfang des Angebots, den wiederkehrenden Veranstaltungscharakter und die Präsentation von Mustern zu den wesentlichen Punkten, die eine Messe von einer Ausstellung abheben. In der Realität gibt es jedoch häufig Überschneidungen. Durch die schnelle Entwicklung der Branche werden die Grenzen fließend und eine exakte Trennung überflüssig. Ungleich welche Veranstaltungsform schließlich gewählt wird, in der Organisation gibt es ein wesentliches Merkmal, das trotzdem getrennt betrachtet werden sollte. Im Messemanagement sind die Veranstalter auf die Unterstützung der Branche angewiesen, die die Messe als wichtigen geschäftlichen Treffpunkt ansieht. Dies ist beim Ausstellungsmanagement nicht der Fall. Hier benötigt es nur die Besucherwerbung alleine, die sich entweder an die breite Masse oder an spezielle Kunden richtet. Wird dies mit der oberen Erkenntnis, dass Messen in erster Linie Fachbesucher ansprechen und Ausstellungen die Privatbesucher, zusammengefasst, dann bedeutet es schlussendlich, wenn eine Veranstaltung Fachbesucher erreichen möchte, sollten die Organisatoren eng mit der jeweiligen Branche zusammenarbeiten. Weitreichendere Unterschiede gibt es auch hier nicht. Zum leichteren

12 GewO, 2013, § 65.
13 AUMA, 1996, S. 2.
14 Kirchgeorg, 2003, S. 55.

Verständnis wird daher von nun an die Bezeichnung Messe als Oberbegriff angesehen und schließt Ausstellungen mit ein. Die genannten Ungleichheiten betreffen nicht das Thema des Beitrags. Eine fortlaufende Unterscheidung würde zur Unübersichtlichkeit führen.[15]

15 Vgl. Kirchgeorg, 2003, S. 55 f.; Peters, 1992, S. 16.

3 Grundlagen zur Projektorganisation

3.1 Begriffsdefinitionen

Projektorganisation ist eine Zusammensetzung aus zwei einzelnen Begrifflichkeiten, Projekt und Organisation.

In der DIN 69901 werden Projekte „als Vorhaben, die im Wesentlichen durch die Einmaligkeit der Bedingungen in ihrer Gesamtheit gekennzeichnet sind" festgehalten.[16] Zu diesen Bedingungen zählt beispielsweise die Zielvorgabe, bestehend aus inhaltlichen, zeitlichen und monetären Zielen. Außerdem werden finanzielle und personelle Ressourcen alleine für das Projekt zur Verfügung gestellt. Es sollte darüber hinaus eine klare Abgrenzung zu anderen Vorhaben geben. Weiterhin ist es durch Neuartigkeit, verbunden mit Risiko (finanziell, qualitativ, zeitlich, etc.), und Komplexität gekennzeichnet. Ein Projekt beinhaltet zudem immer eine spezielle Organisation.[17]

An dieser Stelle sollte geklärt werden, um welche Auslegung es sich bei dem Wort Organisation handelt, da es dafür mehrere Bedeutungen gibt.[18] Scheibler zufolge kann damit die hierarchische Ordnung gemeint sein, oder aber die Gliederung. Das heißt, die Organisation wird im Sinne des Aufbaues betrachtet. Auf der anderen Seite lässt sich die Organisation mit Koordination, Planung und Ablauf verbinden. Die Sichtweise findet an dieser Stelle Anwendung, denn Scheibler ergänzt, dass sich das Wort aus dem Kontext heraus erklärt. In diesem Beitrag ergibt sich der Kontext aus dem Titel, der nur sinnhaft wird, wenn mit Organisation das Organisieren gemeint ist. Aus diesem Grund wird hier damit fortgefahren, dass die Organisation allgemein als System zur Erfüllung von Aufgaben angesehen wird.[19]

16 Olfert, 2014, S. 17.
17 Vgl. Olfert, 2014, S. 17 f.; Schwarze, 2010, S. 13; Walder/Patzak, 1997, S. 23 f.
18 Vgl. Neumann, 2015.
19 Vgl. Grochla, 1966, S. 73; Scheibler, 1974, S. 2.

Die beiden einzelnen Definitionen lassen sich nun zusammenfügen. Projektorganisation ist demnach die Summe an projektbezogenen Aufgaben, die strukturiert abgearbeitet werden.[20]

In der DIN 69901 gibt es eine allgemeine Definition, die die vorangegangene Erklärung widerspiegelt und ergänzt. Sie besagt, dass Projektorganisation die „Gesamtheit der Organisationseinheiten und der aufbau- und ablauforganisatorischen Regelungen zur Abwicklung eines bestimmten Projektes“ umfasst.[21] In Verbindung mit dem Aufbau sind die projektbezogenen Strukturvarianten (Stabs-, Matrix, Teilbereichs-Projektorganisation, etc.) zu nennen, auf die hier nicht näher eingegangen wird.[22] Stöger zufolge, bleibt „das Thema Projektorganisation [...] an dieser Stelle stehen“, sollte jedoch viel weitreichender betrachtet werden.[23]

In der Literatur wird häufig auch mit dem Begriff Projektmanagement gearbeitet. In der Praxis gibt es keinen offensichtlichen Unterschied zur Projektorganisation.[24] Jedoch ist auch das Projektmanagement in der DIN 69901 gesondert geregelt und wird als „Gesamtheit von Führungsaufgaben, -organisation, -techniken und -mitteln für die Abwicklung eines Projektes“ beschrieben.[25] Zell fügt der DIN hinzu, dass die organisatorische Gestaltung des Projektes ein Teil des Projektmanagements ist. Demnach wäre die Projektorganisation in das Projektmanagement eingegliedert. Gleicher Auffassung ist auch Olfert.[26]

In diesem Beitrag steht der Ablauf des Organisationsprozesses einer Messe im Vordergrund. Daher wird hier mit dem Begriff Projektorganisation fortgefahren. Im Projektmanagement steht die Person, speziell die Führungsperson, im Mittelpunkt, nicht aber die Methode bzw. die Struktur mit der das Projekt geplant wird.[27]

20 Vgl. Grochla, 1966, S. 73; Olfert, 2014, S. 17.
21 Zell, 2003, S. 60.
22 Vgl. Wicher, 2003, S. 73.
23 Stöger, 2007, S. 108. Interessant sind hier seine drei Grundfragen in Anlehnung an Peter Drucker.
24 Vgl. Neumann, 2015.
25 Zell, 2003, S. 59.
26 Vgl. Olfert, 2014, S. 24; Zell, 2003, S. 59.
27 Vgl. Olfert, 2014, S. 25.

3.2 Messe als Projekt

Mit der Grundlage der Projekt-Definition können auch Messen als Projekte angesehen werden. Dies ergibt sich aus der folgenden Übertragung.

Als Zielvorgabe liegt die Organisation der Messe zu Grunde, die an einem bestimmten Datum und unter Berücksichtigung eines Konzeptes stattfinden soll. Für die Bearbeitung dieser komplexen Aufgabe werden dem Projektteam ein Budget, ein Zeitrahmen und Mitarbeiter überlassen. Die Messe ist abgegrenzt zu anderen unternehmerischen Vorgängen und sie wird von den Organisatoren nach einem speziellen Muster geplant.[28]

Bei exakter Betrachtung der Projekt-Definition gibt es auch Diskrepanzen. So werden hier personelle Ressourcen zum Beispiel nur für ein bestimmtes Projekt verwendet. Bei der Messeorganisation arbeiten die Team-Mitglieder jedoch auch für andere Messen, da der lange Planungszeitraum zu Kapazitätsüberschüssen führen kann. Diese Kapazitäten werden dann an anderer Stelle eingesetzt. Auch die Neuartigkeit trifft auf eine Messe nur bedingt zu, da sie in einem bestimmten Turnus (jährlich, zweijährlich, etc.) stattfindet. Jedoch wird in der DIN 69901 die Gesamtheit der Bedingungen betrachtet, was bedeutet, dass Ausnahmen gestattet sind, solange ein Großteil der Merkmale zutreffend ist. Darüber hinaus lässt auch die Literatur keinen Zweifel daran, dass Messen Projekte sind. Dies ist beispielsweise bei Hufnagel ersichtlich.[29]

3.3 Tools in der Projektorganisation

Um ein Projekt zu organisieren, stehen eine Vielzahl von Projektmitteln zur Auswahl. Diese können in materielle und immaterielle Werkezuge unterteilt werden. Insgesamt gibt es sechs verschiedene Gruppen, aus denen Projektmittel zur Verfügung stehen: Vorgaben, Modelle, Verfahren, Tools, Maßnahmen und Sachmittel. In der Abbildung 1 sind zum Verständnis jeweils Beispiele aufgeführt.[30]

28 Vgl. Olfert, 2014, S. 17.
29 Vgl. Hufnagel, 2003, S. 735 ff.; Olfert, 2014, S. 17.
30 Vgl. Olfert, 2014, S. 31 ff.

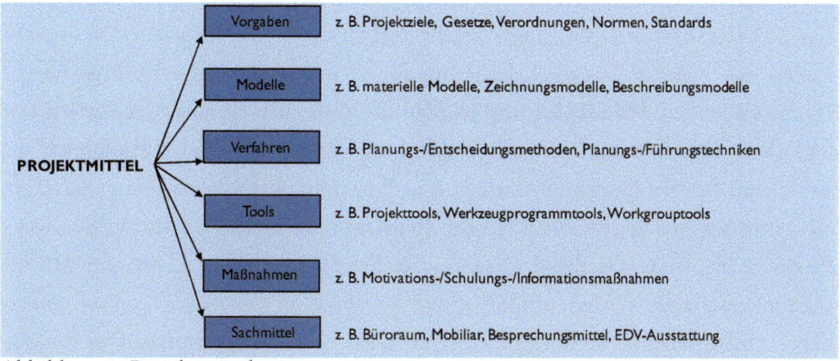

Abbildung 1: Projektmittel
Quelle: In Anlehnung an Olfert, 2014, S. 31.

In diesem Beitrag stehen Tools im Vordergrund. Der Anglizismus bedeutet übersetzt Werkzeug, Hilfsmittel oder Instrument.[31] Olfert zufolge handelt es sich auch bei Tools um Verfahren, jedoch werden sie softwaregestützt. Dies bedeutet, dass Ressourcen, Termine oder Kosten mit Projekttools am PC gesteuert werden, beispielsweise mit dem Programm PROJECT von Microsoft® Office.[32] Für allgemeine Anliegen wie Tabellenkalkulationen werden Werkzeugprogrammtools eingesetzt (z.B. Microsoft® Office EXCEL, POWER POINT) und um mit dem Projektteam in Kontakt zu bleiben, werden Workgrouptools wie E-Mail-Dienste verwendet.[33]

Der gesamte Planungsprozess eines Projektes lässt sich in einzelne Teilprozesse untergliedern, in denen materielle und immaterielle Werkezuge zum Einsatz kommen. Nach der Devise vom Groben zum Feinen ist die Reihenfolge der einzelnen Teilplanungen bestimmt. Sie können wie folgt benannt werden:[34]

Die **Strukturplanung** ist die Basis für alle weiteren Prozesse. Als Tool wird hier der Projektstrukturplan aufgeführt, mit dessen Hilfe sich das Ziel des

31 Vgl. Deutsch-Englisch-Wörterbuch, 2015a.
32 Nähere Erläuterungen zur Software geben Corsten/Corsten/Gössinger, 2008, S. 249 ff.
33 Vgl. Olfert, 2014, S. 32; Stöger, 2007, S. 36.
34 Vgl. im Folgenden Bea/Scheurer/Hesselmann, 2014, S. 21 ff.

Projektes in Arbeitspakete und in untergeordnete Vorgänge aufbrechen lässt.[35] Die **Arbeitsaufwandsplanung** schließt sich an die Strukturplanung an und soll klären, wie viel Zeit für die Erledigung der einzelnen Vorgänge benötigt wird.[36] In der folgenden **Ablaufplanung** werden die Aufgaben zu einem zeitlichen und logischen Ablauf zusammengefügt. Als Projektmittel wird hier erfolgreich das Verfahren der Netzplantechnik eingesetzt.[37] Darauf aufbauend können Aussagen zu Terminen gemacht werden. In der Regel werden an diesem Punkt die ersten Engpässe deutlich. Da der Endtermin bei Projekten oft fix ist, müssen Abläufe parallel geschaltet werden, um hier einen Ausgleich zu schaffen. Das Tool, dass in der **Terminplanung** vorrangig eingesetzt wird, ist der Balkenplan. Das Projektmittel steht in diesem Beitrag im Vordergrund, da es zurzeit in der Messeorganisation häufig Verwendung findet.[38] Einhergehend mit der Terminplanung ist oft die **Ressourcenplanung**, wo sich nicht nur die Frage nach der Quantität, sondern auch nach der Qualität gestellt werden muss. Hier sind Pläne in Form von EXCEL-Tabellen ausreichend.[39] Für die Personalplanung ist jedoch zusätzlich ein Belastungsdiagramm[40] hilfreich. Als letzter Teilprozess ist die **Kostenplanung** zu nennen. Als Tool kann die Projektkostenplanung helfen.[41] Entwickelt sich eine starke Überschreitung des Budgets, müssen Rückkopplungen zu den anderen Teilprozessen gemacht werden. Diese Anpassungen werden solange vorgenommen, bis ein annehmbares Endergebnis zustande gekommen ist.

Die eben genannten Tools zur Projektorganisation stellen nur einen Teil der großen Auswahl dar, derer sich bedient werden kann.[42] Da der Balkenplan (das Balkendiagramm) für die Messewirtschaft und damit für diesen Beitrag von besonderer Relevanz ist, werden im Anschluss nähere Erläuterungen dazu gegeben.

---

35 Vgl. hierzu auch Wischnewski, 2001, S. 156.
36 Nähere Erläuterungen dazu geben Bea/Scheurer/Hesselmann, 2014, S. 40 f.
37 Vgl. Schwarze, 2010, S. 29.
38 Vgl. Neumann, 2015.
39 Vgl. hierzu auch Bea/Scheurer/Hesselmann, 2014, S. 20.
40 Bea/Scheurer/Hesselmann, 2014, S. 20: Ein Belastungsdiagramm ist die „Ermittlung des Ressourcenbedarfs auf Arbeitspaketebene und aggregiert pro Mitarbeitergruppe mit gleicher Qualifikation".
41 Nähere Erläuterungen dazu gibt Olfert, 2014, S. 134 ff.
42 Vgl. hierzu Andler, 2009, S. 31 für eine vollständige Übersicht.

Die Balkendiagrammtechnik als wichtigstes Tool in der Messeorganisation

GANTT gehört neben PLANNET zu den zwei Techniken für die Erarbeitung von Balkendiagrammen.[43] Die Erstellung eines Balkenplans ist eng verbunden mit der Ablaufplanung. Durch die Verknüpfung mit der Zeitachse, wird es jedoch als Tool zur Terminplanung angesehen.[44]

Grundlage für einen Projekt-Balkenplan sind die in der Strukturplanung erstellten Arbeitspakete, in denen die jeweiligen Ziele und Inhalte zusammengefasst wurden. Sie werden in die Zeilen des Balkenplans nach ihrem zeitlichen Auftreten eingetragen. Die Spalten sind mit einem Raster zu füllen, das mit einer Zeitdimension versehen wird. Je nach Projektthema und Detailierungsgrad der Arbeitspakete sind dies entweder Tage, Wochen oder Monate. Beginn und Ende der Aufgaben wird nun in dem Diagramm abgetragen, woraufhin die Balken sichtbar werden.[45]

Nach dieser Beschreibung erstellte Balkenpläne lassen die GANTT-Diagramme entstehen. Entwickelt wurde die einfache Technik von dem Amerikaner Henry Lawrence Gantt. Sie soll vor allem die Darstellung leicht verständlicher Abläufe ermöglichen. Die Abbildung 2 zeigt ein Beispiel hierfür.[46]

Die Verwendung der GANTT-Technik bringt jedoch auch Nachteile mit sich. Zum einen wird eine solche Darstellung der Abläufe mit steigender Anzahl an Arbeitspaketen unübersichtlicher. Zum anderen sind sowohl Pufferzeiten als auch Abhängigkeiten zwischen den einzelnen Vorgängen nicht zu erkennen. Deswegen ist dieses Tool in der Projekt-planung nur begrenzt einsetzbar. Abhilfe soll hier eine Weiterentwicklung schaffen. Die PLANETT-Technik (PLANning NETwork) soll die Defizite vom GANTT-Diagramm ausgleichen. Durch die Ergänzung von senkrechten Stricken zwischen den Vorgängen, wird deren Abhängigkeit hervorgehoben. Außerdem werden so erkennbare Puffer mit gestrichelten Balken ausgefüllt. In der Abbildung 3 ist dies an einem einfachen Beispiel verdeutlicht. Olfert ergänzt jedoch auch hier, dass die Technik nur für kleinere Projekte (ca. 50

43 Vgl. Olfert, 2014, S. 116.
44 Vgl. Bea/Scheurer/Hesselmann, 2014, S. 51.
45 Vgl. Stöger, 2007, S. 95.
46 Vgl. Olfert, 2014, S. 116 f.; Schwarze, 2010, S. 131 ff.

Arbeitstage) geeignet ist. Messeprojekte gehören demzufolge nicht dazu, da der Turnus auch den Organisationszeitraum bestimmt (ein Jahr oder mehr).[47]

Bis hier hin wurden Messen stets als Projekte betrachtet, da die Definition des Projektbegriffes fast ausnahmslos übertragen werden konnte. Im folgenden Kapitel wird nun geklärt, ob die Messe auch als ein Produkt betrachtet werden kann, dass während des Organisationsprozesses entsteht.

47 Vgl. Olfert, 2014, S. 116 f.

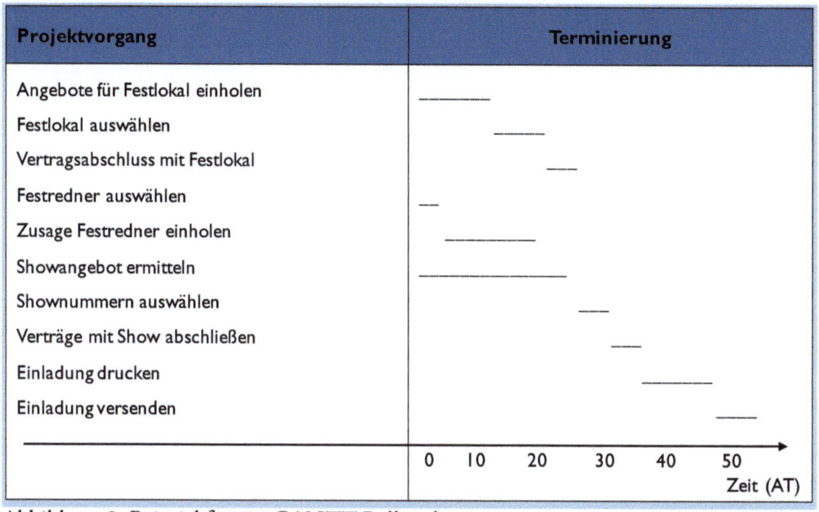

Abbildung 2: Beispiel für ein GANTT-Balkendiagramm
Quelle: Vgl. Olfert, 2014, S. 117.

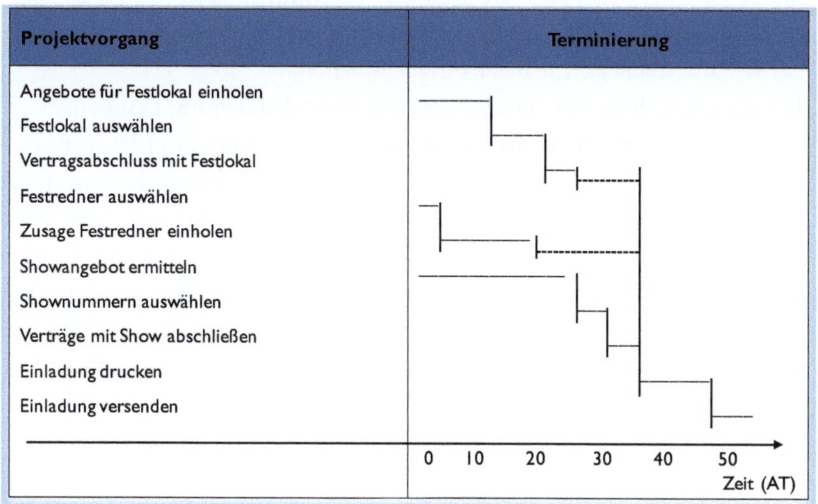

Abbildung 3: Beispiel für ein PLANNET-Balkendiagramm
Quelle: Vgl. Olfert, 2014, S. 118.

4 Grundlagen zur Produktinnovation

4.1 Begriffsdefinitionen

Die Scrum-Methode, die in diesem Beitrag in die Messewirtschaft integriert werden soll, wurde anfangs eigens für die Entwicklung von innovativen Software-Produkten kreiert.[48]

Bevor der Begriff Produktinnovation näher definiert werden kann, soll zunächst das Produkt an sich betrachtet werden. Brockhoff hat hierzu folgende Definition entwickelt: „Als Produkt wird eine im Hinblick auf eine erwartete Bedürfnisbefriedigung beim bekannten oder unbekannten Verwender von einem Anbieter gebündelte Menge von Eigenschaften verstanden, die in der Regel gegen Geld getauscht wird, um damit Ziele des Anbieters zu erreichen".[49]

Daraus abgeleitet erstellte er auch eine Definition für Produktinnovationen, die ebenfalls hier aufgeführt werden soll. „Eine Produktinnovation ist ein Bündel von Eigenschaften, das wahrnehmbar von einem zu einem vorausgehenden Zeitpunkt existenten Eigenschaftsbündel abweicht, auch wenn die verglichenen Eigenschaftsbündel gleiche Bedürfnisse erfüllen."[50]

Demnach zeichnet sich ein innovatives Produkt dadurch aus, dass es nicht genauso ist wie ein Produkt, das bereits existiert, auch wenn die gleichen Bedürfnisse befriedigt werden. Sobald die Produktinnovation jedoch mehr Bedürfnisse decken kann, gilt es als Verbesserungsinnovation oder Produktvariation. In der Softwareindustrie werden diese Produkte als neue Generationen oder Updates bezeichnet. Scheininnovationen sind dagegen solche Produkte, die nur durch kommunikative Maßnahmen den Eindruck vermitteln, dass das Produkt eine Neuentwicklung sei, obwohl sich die Eigenschaften zu vorherigen Produkten nicht unterscheiden.[51]

48 Vgl. Schilling, 2015.
49 Brockhoff, 1999, S. 13. Gleicher Meinung ist Pepels, 2013, S. 1.
50 Brockhoff, 2007, S. 22.
51 Vgl. Brockhoff, 2007, S. 22.

Im Folgenden wird speziell auf die Anlässe für Produktinnovationen näher eingegangen, da sie für den Verlauf dieses Beitrags relevant sind. Auf die Abdeckung weiterer Aspekte wird hier hingegen verzichtet.

4.2 Anlässe

Die Anlässe für eine Produktinnovation können in die verschiedensten Gruppen gegliedert werden. An dieser Stelle wird wiederholt auf die Meinung von Brockhoff zurückgegriffen.[52]

Ihm zufolge können neuentwickelte Produkte zum Beispiel auf ihren Entstehungsort zurückgeführt und so der Anlass herausgefiltert werden. Aufgrund neuen technologischen Wissens entsteht eine Produktinnovation im Forschungs- und Entwicklungsbereich (technology push innovations). Anlässlich der Marktnachfrage und der Kundenwünsche wird etwas Neues im Marketing entwickelt (demand pull innovations). Ein weiterer Auslöser für eine Neuentwicklung können Regeln, Grenzen und Normen sein. Es ist möglich, dass eine Produktinnovation über Ländergrenzen hinweg nicht zulässig ist. Die geltenden Vorschriften geben dann Anlass dafür, das Produkt im vorgegebenen Rahmen neu zu entwickeln. Als dritte Gruppe lassen sich Veränderungen von Angebotsbedingungen zum Anlass für Produktinnovationen nennen. Unternehmen sind abhängig von ihren Systemzulieferern und deren technologischen Leistungen, die die Innovationskraft des Unternehmens fördern oder hindern. Außerdem können veränderte Nachfragebedingungen ausschlaggebend für Neuerungen sein. So führt Brockhoff beispielsweise Änderungen in der Bedürfnisintensität oder auch einen Wechsel der Bedürfnisse als Gründe dafür auf, dass Unternehmen neue Produkte auf den Markt bringen wollen.

52 Vgl. im Folgenden Brockhoff, 2007, S. 24 ff.

4.3 Produktinnovationen in der Messewirtschaft

Auch in der Messebranche spielen Innovationen eine große Rolle. Jedoch ist hier die Messe nicht nur, wie schon zuvor erwähnt, als Plattform für Produktneuheiten zu sehen, sondern darüber hinaus als eigenständiges Produkt und gegebenenfalls als Innovation, was in diesem Kapitel nachgewiesen werden soll.

Technologischer Wandel oder Nachfrageveränderungen können auch im Messewesen ausschlaggebend für Weiterentwicklungen oder Neuentstehungen von Messen sein, denn sowohl die Technologie als auch die Nachfrage beeinflussen das Angebot. Wie zuvor beschrieben, geben sie Anlass für Innovationen auf der Angebotsseite. Die Unternehmen benötigen Messen als Kommunikationsplattform für ihre neuen Produkte. Demzufolge ist eine Messe ein dynamisches System, das sich ständig selbst erneuert und an die Umweltveränderungen anpasst. Funktioniert dieser Anpassungsprozess nicht, führt das zum Aussterben der Messeveranstaltung.[53]

Die erwähnten Umweltveränderungen beziehen sich jedoch nicht nur auf Nachfrage und Technologie. Es gibt weitere Einflüsse, die neue Messethemen entstehen lassen oder vorhandene Messen weiterentwickeln. Hierzu zählen:

- gesellschaftliche Entwicklungen,
- verändertes Konsumverhalten,
- politische und legislative Einflussfaktoren,
- regionale Marktverschiebungen,
- Bevölkerungswachstum,
- Klimawandel,
- ausdifferenzierte Industrien[54] und
- veränderte Vertriebswege.[55]

53 Vgl. Schraudy, 2003, S. 491 f.
54 Ein Beispiel hierfür ist die Gulfood Manufacturing im Dubai World Trade Centre, die sich 2014, aufgrund von Flächenknappheit, aus der Gulfood herausgebildet hat. Vgl. Napier, 2014, S. 1; VDMA, 2015.
55 Vgl. Schraudy, 2003, S. 492 ff.

Die durch diese Punkte geforderte Entstehung neuer Messen bezeichnet Schraudy als „Neuproduktentwicklung im Messewesen".[56] Er liefert so den Beweis für die am Anfang dieses Kapitels getroffene Aussage, dass Messen als eigenständige Produkte betrachtet werden können. Damit ist nun eine weitere Verbindung zur Scrum-Methode geschaffen worden, die der Implementierung fördernd entgegenkommt.

56 Schraudy, 2003, S. 498.

5 Die Scrum-Methode

5.1 Einführung

Der Begriff Scrum kommt aus dem Englischen und bedeutet übersetzt Gedränge.[57] Verwendet wurde das Wort ursprünglich im Sportbereich. Beim Rugby treffen im Gedränge alle Spieler aufeinander und beratschlagen sich.[58] Um 1990 bildete sich Scrum als Verfahrenstechnik für Projekte mit hoher Komplexität aus folgender Problemstellung heraus:

In Kapitel 3.1 wurde zuvor ein Projekt definiert. Es ist u.a. durch ein vorher präzise formuliertes Ziel gekennzeichnet. Jedoch gibt es bestimmte Projekte, wie z.B. die moderne Softwareentwicklung, bei denen ein genaues Ziel nicht gleich zu Beginn festgelegt werden kann. Auch die Anforderungen sind anfangs noch nicht komplett greifbar und können sich im Projektverlauf verändern.[59]

Scrum gilt als agile Methode und soll dem Projektteam helfen, offen gegenüber neuen Einsichten, Erkenntnissen und Ideen zu sein. Agil bedeutet daher in diesem Sinne nicht schnell, sondern flexibel.[60]

57 Vgl. Deutsch-Englisch-Wörterbuch, 2015b.
58 Vgl. Wolf/van Solingen/Rustenburg, 2014, S. 4; Schilling, 2015.
59 Vgl. Schilling, 2015; Olfert, 2014, S. 17; Wolf/van Solingen/Rustenburg, 2014, S. 10.
60 Vgl. Wolf/van Solingen/Rustenburg, 2014, S. 7.

5.2 Vorstellung des offiziellen Scrum Guides

In diesem Beitrag dient die Primärliteratur für Scrum als Grundlage für die nachfolgenden Erläuterungen. Der offizielle Scrum Guide (dt.: Anleitung, Handbuch[61]) wurde von den Entwicklern Ken Schwaber und Jeff Sutherland verfasst, die ihn 1995 auf der OOPSLA[62] Konferenz zum ersten Mal der Öffentlichkeit präsentierten. Die letzte Aktualisierung des Guides fand im Juli 2013 statt.[63]

Schwaber und Sutherland bezeichnen Scrum als „Rahmenwerk, innerhalb dessen Menschen komplexe adaptive Aufgabenstellungen angehen können, und durch das sie in die Lage versetzt werden, produktiv und kreativ Produkte mit dem höchstmöglichen Wert auszuliefern".[64]

Im folgenden Kapitel soll nun der Scrum Guide, eine Textfassung bestehend aus 19 Seiten, veranschaulicht und erläutert werden. Anhand von einzelnen Abbildungen werden die Kerninhalte zusammengefasst, um ein späteres Arbeiten mit ihnen zu vereinfachen.

5.3 Graphische Darstellung und Erklärung

Scrum besteht im Wesentlichen aus dem Team, den Rollen der einzelnen Mitglieder, Ereignissen, Artefakten und Regeln. Letztere verbinden alle Komponenten miteinander.[65] Nachfolgend werden die Erläuterungen im Scrum Guide als Grundlage herangezogen. Da es sich hier um die Primärliteratur handelt, wird auf weitere Quellen verzichtet, denn diese berufen sich stets auf Schwaber und Sutherland.[66]

61 Vgl. Deutsch-Englisch-Wörterbuch, 2015c.
62 OOPSLA ist die Abkürzung für Object-Oriented Programming, Systems, Languages and Applications. Es handelt sich um eine nord-amerikanische Konferenz zum objekt-orientierten Programmieren, zu Systemen, Sprachen und deren Einsatzmöglichkeiten. Sie wurde vor kurzem in SPLASH umbenannt. Vgl. OOPSLA, 2015.
63 Vgl. Schwaber/Sutherland, 2013, S. 1 ff.; Schwaber/Sutherland, 2013, S. 17.
64 Schwaber/Sutherland, 2013, S. 3.
65 Vgl. Schwaber/Sutherland, 2013, S. 3.
66 Vgl. im Folgenden Schwaber/Sutherland, 2013, S 3 ff.

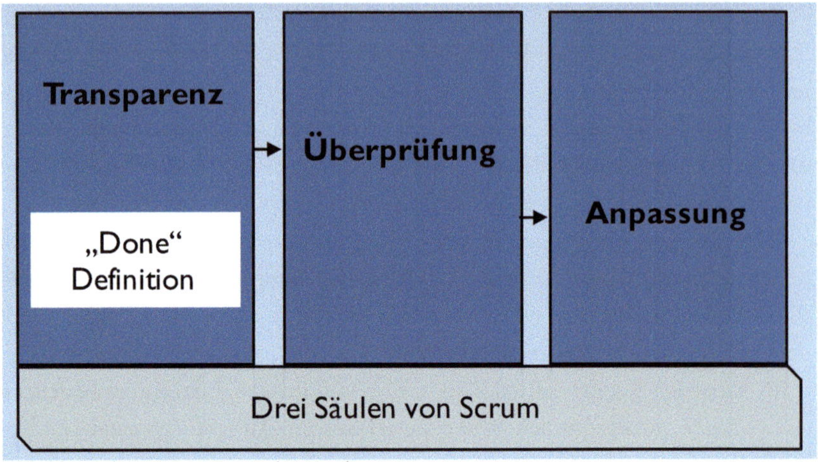

Abbildung 4: SCRUM - Die drei Säulen

Die Abbildung 4 zeigt die drei Säulen, die den Grundstein für Scrum legen und während des gesamten Projektes berücksichtigt werden müssen.

Die **Transparenz** des Wesentlichen muss für alle Mitglieder des Scrum Teams gegeben sein. Verantwortlich für das Erkennen von mangelnder Transparenz ist der Scrum Master, dessen Position nachfolgend noch näher erläutert wird. Durch die Überprüfung der einzelnen Artefakte[67], dem SOLL-/IST-Vergleich dieser und durch genaues Zuhören werden Transparenzlücken für ihn sichtbar. Der Scrum Master sollte daraufhin mit allen Beteiligten an einer Verbesserung arbeiten, was Überzeugungskraft bei ihm und Lernbereitschaft bei dem Team voraussetzt. Prophylaktisch ist es notwendig, dass zu Beginn stets eine gemeinsame Definition von „**Done**“ verfasst wird. Jeder sollte ein gleiches Verständnis davon haben, wann eine Arbeit fertig ist. So wird ein einheitlicher Standard geschaffen, mit dem alle Beteiligten die Ergebnisse beurteilen können. Die zweite Säule von Scrum ist die **Überprüfung**, die ein fähiger Prüfer dort vornimmt, wo die Arbeit verrichtet wird. Er gleicht stets den Fortschritt mit dem Ziel, das die „Done“-Definition beinhaltet, ab. Werden Abweichungen festgestellt, die außerhalb des akzeptierten Grenzbereiches liegen, muss schnellstmöglich eine **Anpassung** (drit-

67 Duden, 2015a: „etwas von Menschenhand Geschaffenes“.

te Säule, vgl. Abbildung 4) vorgenommen werden, um Folgeabweichungen so gering wie möglich zu halten.

Scrum beinhaltet vier Ereignisse, die Gelegenheit zur Schaffung von maximaler Transparenz, zur Überprüfung und Anpassung bieten. Aus diesem Grund darf keines der Ereignisse ausgelassen werden. Bevor diese jedoch im Zusammenhang mit der kompletten Scrum Verfahrenstechnik vorgestellt werden, sollen zunächst die Artefakte und Rollen näher beschrieben werden.

Artefakte

Insgesamt werden im Scrum Guide drei Artefakte beschrieben, die das Entwicklungsvorhaben begleiten (vgl. Abbildung 5).

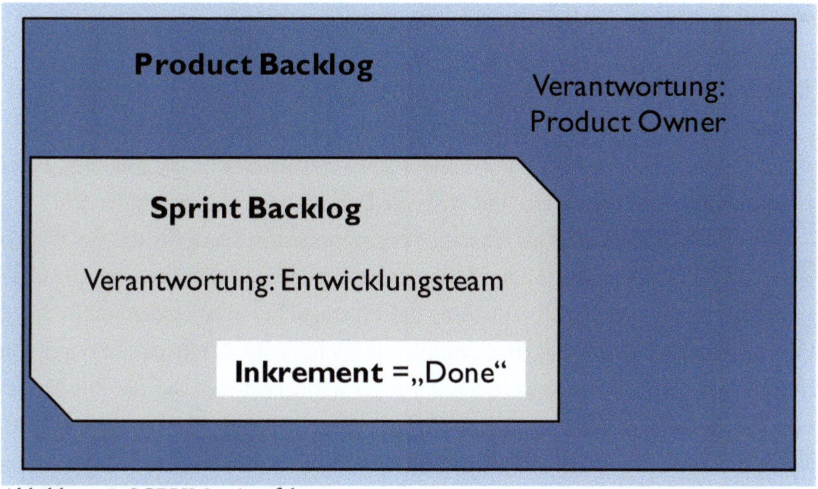

Abbildung 5: SCRUM – Artefakte

Der **Product Backlog** ist eine Liste mit allen Anforderungen an das Produkt, welche jedoch niemals vollständig sein kann. Deshalb gilt der Product Backlog auch als lebendes Artefakt. Er entwickelt sich mit dem Produkt und in Abhängigkeit von Geschäftsanforderungen, Marktbedingungen und technologischen Entwicklungen weiter. Der Product Owner ist verantwortlich für das ständige Pflegen des Product Backlogs. Dies beinhaltet die Aktualisierung seiner vier

Attribute: Beschreibung, Reihenfolge, Zeit-Schätzung und Wert. Für die äußere Form des Backlogs gibt es keine Vorlage. Wichtig ist, dass die Attribute für alle verständlich abgebildet werden. Die Menge aller für den Sprint ausgewählten Product-Backlog-Einträge wird als **Sprint Backlog** bezeichnet. Dieser wird von dem Entwicklungsteam zusammengestellt, aufgrund ihrer Prognose, was im kommenden Sprint erfüllt werden müsste. Der Sprint Backlog kann während des Sprints jederzeit angepasst werden. Mit dem Hinzufügen weiterer Arbeiten sollte auch eine neue Zeit-Schätzung für die noch zu erledigenden Aufgaben einhergehen. Damit wird ein genaues Echtzeit-Bild der Arbeit geschaffen. So entsteht schlussendlich ein Plan mit allen erforderlichen Arbeiten, die erledigt werden müssen, um ein „Done"-Inkrement[68] zu erzeugen. Ein **Inkrement** ist das Ergebnis aus allen Product-Backlog-Einträgen, die während des Sprints fertiggestellt wurden, zuzüglich der Inkremente aller vorherigen Sprints.

Rollen

Innerhalb eines Scrum Teams gibt es drei verschiedene Rollen, die besetzt werden müssen. Die nachfolgende Abbildung 6 veranschaulicht die Stellung dieser innerhalb des Unternehmens und stellt die Beziehungen untereinander dar.

Der **Product Owner** ist als einzelne Person im Scrum Team für das Bearbeiten des Product Backlogs zuständig. Dies umfasst die klare Formulierung, die optimale Sortierung und die Überprüfung der Einträge. Er hat außerdem dafür Sorge zu tragen, dass der Product Backlog für alle sichtbar ist (Transparenz) und von dem Entwicklungsteam verstanden wird. So wirkt er direkt auf die Entwickler ein, die seine Entscheidungen strickt akzeptieren müssen. Bei Bedarf kann der Product Owner im **Entwicklungsteam** mitarbeiten, welches am Ende eines jeden Sprints ein fertiges Inkrement übergeben muss und dafür gemeinsam rechenschaftspflichtig ist. Innerhalb der Entwickler-Gruppe gibt es daher keine Hierarchie. Das Scrum Team zeichnet sich durch ein hohes Maß an Selbstständigkeit aus. Es arbeitet interdisziplinär, ohne die Abhängigkeit von Personen außerhalb des Teams und ausgestattet mit allen Fähigkeiten, die für die Erstellung des Produktes notwendig sind. Der **Scrum Master** ist für das Team die Verbindung zum

68 Duden, 2015b: Ein Inkrement ist ursprünglich ein Begriff der Mathematik und beschreibt einen „Betrag, um den eine Größe zunimmt".

Unternehmen. Er ist dafür verantwortlich, dass Scrum von allen verstanden wird und dass die im Guide definierten Regeln und Praktiken eingehalten werden (insbesondere das Stattfinden der Ereignisse innerhalb der gesetzten Zeitfenster). Dem Product Owner kann er Techniken vermitteln, wie er die vier Attribute des Product Backlogs effektiv verwaltet. Das Entwicklungsteam unterstützt er bei der Selbstorganisation und fördert deren Teamarbeit. Das Unternehmen soll der Scrum Master bei der Einführung von Scrum leiten und coachen. Neues Wissen hierfür erlangt er aus Treffen mit anderen Mastern.

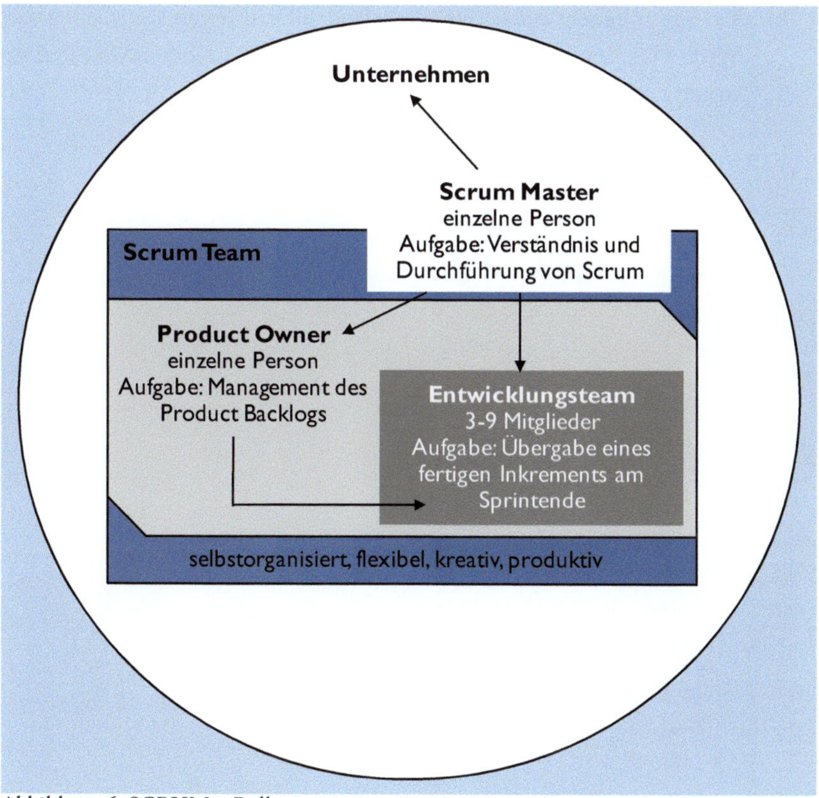

Abbildung 6: SCRUM – Rollen

Ereignisse

Der Kern von Scrum sind die Ereignisse, die eine Regelmäßigkeit herstellen sollen. Andere Besprechungen außerhalb von Scrum werden so überflüssig. Damit keine Zeit verschwendet wird, gibt es für jedes Ereignis eine Time Box (zeitliche Beschränkung). Diese darf nicht verlängert und beim Sprint zudem nicht verkürzt werden. In der Abbildung 7 werden die Ereignisse graphisch dargestellt. Zu beachten sind hier folgende Punkte:

- Das Entwicklungsvorhaben ist eine Aneinanderreihung von Sprints.
- Ein Sprint besteht aus sich wiederholenden Daily Scrums, zuzüglich dem Sprint Planning, dem Sprint Review, der Sprint Retroperspektive und der eigentlichen Entwicklungsarbeit.

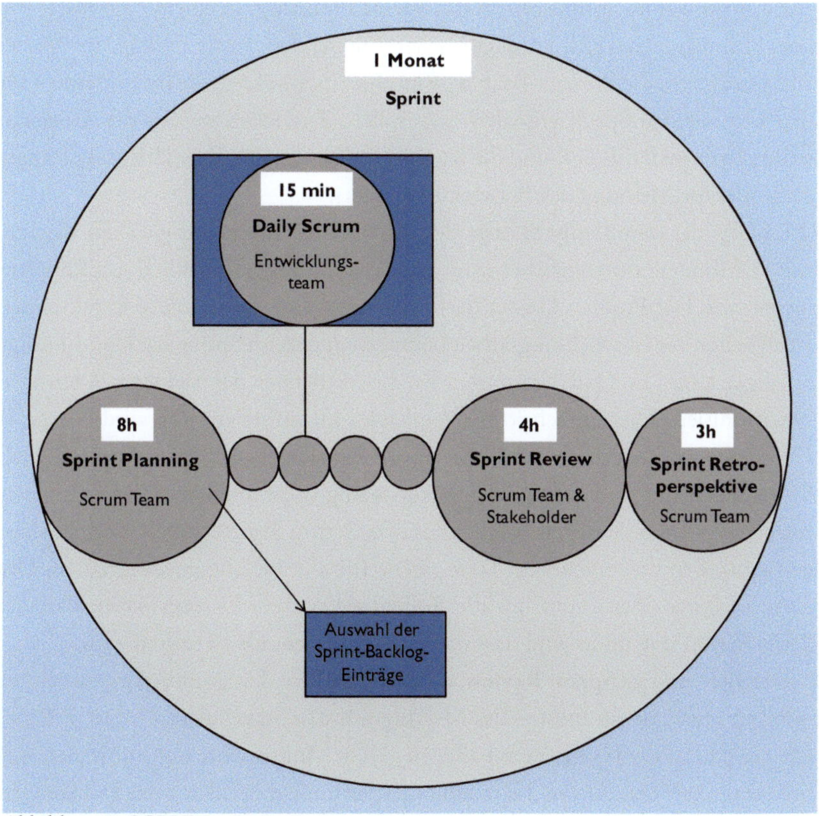

Abbildung 7: SCRUM – Ereignisse

Das Ziel eines **Sprints** ist die Schaffung eines „Done"-Inkrements, dass heißt die Abarbeitung der ausgewählten Product-Backlog-Einträge (Sprint Backlog). Innerhalb des einmonatigen Sprints dürfen keine Änderungen vorgenommen werden, die dieses Ziel gefährden. Neue Erkenntnisse können jedoch den Anforderungsumfang (Product Backlog) beeinflussen. So ist stets ein definierter Leistungsplan gegeben, wohingegen die Umsetzung nach einem flexiblen Plan erfolgt. Positiv hieran ist zum einen der gleichbleibende Qualitätsanspruch, zum anderen die Reduktion des Kostenrisikos auf die Time Box von einem Monat und die ständige Vorhersagbarkeit, was am Ende des Sprints abgeliefert werden kann.

Zu Beginn eines Sprints erfolgt das **Sprint Planning**. In einem Zeitfenster von acht Stunden setzen sich Product Owner, Entwicklungsteam und Scrum Master zusammen, um die Product-Backlog-Einträge auszuwählen, die im Inkrement für den kommenden Sprint enthalten sein sollen. Zusätzlich werden die Arbeitsinhalte genau ausformuliert und die benötigten Kapazitäten abgeschätzt. Vorrangig zählt hier die Meinung des Entwicklungsteams.

Es folgt der erste **Daily Scrum**, der von nun an täglich, zur gleichen Uhrzeit, für 15 Minuten, durchgeführt wird. Hier trifft sich ausschließlich das Entwicklungsteam. Der Product Owner darf hinzugezogen werden, sofern er mit seinen Fähigkeiten zur Entwicklungsarbeit beitragen und selbst Sprint-Backlog-Einträge erledigen kann. Im Daily Scrum werden die Aktivitäten der nächsten 24 Stunden synchronisiert. Der Fortschritt im Vergleich zum vorherigen Tag wird überprüft (Was habe ich gestern erreicht?), der Sprint Backlog abgeglichen (Was werde ich heute erledigen?) und eventuell eine Anpassung vorgenommen (Gibt es Hindernisse?). Der Daily Scrum ermöglicht es dem Scrum Team schnelle Entscheidungen zu treffen und maximale Transparenz für alle Beteiligten zu schaffen. Der Scrum Master übernimmt nur die Rolle des Coaches. Er sorgt dafür, dass der Daily Scrum stattfindet und dass die Time Box nicht überschritten wird.

Der vierstündige **Sprint Review**, der zwingend vor der Sprint Retroperspektive erfolgen muss, ist ein informelles Meeting mit den Stakeholdern[69]. Der Product Owner erklärt die bis dato erschaffenen „Done“-Inkremente und führt sie gegebenenfalls vor. Das Scrum Team erhält daraufhin ein Feedback der Stakeholder. Ein überarbeiteter Product Backlog ist das Ergebnis. Außerdem wird eine Prognose über den Fertigstellungstermin abgegeben.

Das letzte Scrum-Ereignis, dass hier beschrieben werden soll, ist die **Sprint Retroperspektive**. Sie dient dem Scrum Team zur Selbstüberprüfung und der Erstellung eines Verbesserungsplans. Die Beteiligten, Beziehungen, Prozesse und Tools des letzten Sprints werden analysiert und angepasst. Zwar ist eine Verbesserung

69 Rüegg-Stürm, 2002, S. 33: Als Stakeholder in Bezug auf Unternehmen können all die Anspruchsgruppen bezeichnet werden, die in Beziehung zu dem Unternehmen stehen und aus diesem Grund die Handlungen teilweise bedingen. In diesem Beitrag steht an Stelle des Unternehmens, das Produkt im Vordergrund.

jederzeit während des Sprints möglich, hier kann sich das Scrum Team jedoch in einer Time Box von drei Stunden gezielt auf die Überprüfung konzentrieren.

Mit der Durchführung der Sprint Retroperspektive endet das letzte Ereignis während eines Sprints, was bedeutet, dass ein neuer Sprint beginnen kann. Es folgen so viele Sprints, bis alle Produkt-Backlog-Einträge als „Done" bezeichnet werden können und sowohl das Scrum Team als auch die Stakeholder mit dem Inkrement zufrieden sind. Das fertige Produkt ist dann bereit zur Auslieferung.

Im Scrum Guide wird regelmäßig betont, dass nach der monatlichen Auslieferung eines Inkrements „stets eine potentiell nützliche Version des Produkts zur Verfügung steht".[70] Der Produkt Owner hat also während der gesamten Entwicklungsarbeit die Option, das Produkt frühzeitig auf den Markt zu bringen. Durch die Weiterführung von Sprints erfolgt jedoch eine Wertmaximierung, die mit der Scrum-Methode angestrebt wird. Marktveränderungen lassen dennoch nicht immer ein Maximum zu.

Dass Sutherlands Bestreben nach der Integration von Scrum in anderen Bereichen als der Softwareentwicklung nicht erfolglos war, zeigt auch Schilling in seinen Anmerkungen zu Scrum. Ihm zufolge steigt die Zahl der Unternehmen, die diese agile Vorgehensweise nutzen, stetig. Als moderne Projektmanagementtechnik ist die Konzeption der Scrum-Methode auch sehr gut in Hochschulen, oft bei kleineren bis mittleren Gruppen, einsetzbar.[71]

Um Sutherlands Intentionen fortzuführen, wird in diesem Beitrag versucht, Scrum auch im Messewesen nutzbar zu machen. Eine Implementierung in die Messeorganisation wird im Folgenden anhand einer fiktiven Messe vorgenommen.

70 Schwaber/Sutherland, 2013, S. 5.
71 Vgl. Schilling, 2015.

6 Ansatz zur Implementierung

Da die Scrum-Methode als „konzeptionelles Gerüst" betrachtet werden kann, ist es an dieser Stelle möglich, sie in die aktuellen Strukturen der Messeorganisation für eine fiktive Messe einzugliedern, ohne das Bisherige zu verwerfen.[72] Folgende Eckdaten sind zur fiktiven Messe bekannt:[73]

- Eigenveranstaltung des Betreibers einer Messehalle mit einer Fläche von 10.000 m^2
- dreitägige Messe mit 111 Ausstellern und ca. 22.000 Besuchern in 2013
- jährlicher Turnus[74]
- Projektteam: Projektleiter, Projektassistenz, Praktikant
- Vertragsabschlüsse und weitreichende konzeptionelle Entscheidungen über die Geschäftsführung der Betreibergesellschaft
- Messeorganisation bis dato mit Checklisten und Balkenplänen

Die Checklisten können als Grundlage für den **Product Backlog** genutzt werden. Im Gegensatz zum eigentlichen Zweck werden hier jedoch nicht die Anforderungen an das Produkt durch die vier Attribute des Backlogs festgehalten (vgl. Kapitel 5.3), sondern die zu erfüllenden Aufgaben. Im Verlauf der Messeorganisation werden die Attribute des Product Backlogs ständig vom Product Owner aktualisiert, denn es können auch im Messewesen nicht alle anfallenden Aufgaben direkt am Anfang der Planungsphase beschrieben werden. Jedoch sind zum Ende der vierten Phase die Checklisten vervollständigt. Eine Produktentwicklung wiederholt sich nicht, weshalb ein Wiederverwenden des Product Backlogs unmöglich ist. Da die fiktive Messe jährlich stattfindet, kann der vollständige Product Backlog, unter Berücksichtigung einiger Anpassungen, hier einfach übertragen werden und so die folgenden Organisationsprozesse vereinfachen.

72 Schilling, 2015; vgl. Schwaber/Sutherland, 2013, S. 3.
73 Ein reales Beispiel diente als Grundlage für die Eckdaten der fiktiven Messe.
74 Duden, 2015c: „regelmäßige Abfolge von sich stets wiederholenden Ereignissen".

Für den **Sprint Backlog** sucht sich das Entwicklungsteam Aufgaben aus dem Product Backlog und erfüllt diese innerhalb eines Sprints. Dieser Inhalt von Scrum kann ohne Abänderungen für die Messeorganisation übernommen werden. Ebenso ist ein fertiges **Inkrement** übertragbar, da es sich hier nur um die erledigten Aufgaben des Sprint Backlogs handelt. Die gemeinsame Definition von **„Done“** sollte während des ersten Sprint Plannings vorgenommen werden.

Damit zeigt sich, dass die Artefakte der Scrum-Methode gut auf die vorhandenen Strukturen der fiktiven Messe umgelegt werden können. Auch bei den Scrum-Rollen ergeben sich keine Hindernisse, was im Folgenden zu erkennen ist.

Im Mittelpunkt steht der **Product Owner**. Diese Rolle sollte der Projektleiter übernehmen. Die Position des Scrum Masters ist für ihn nicht geeignet, da dieser sich nicht aktiv an dem Entwicklungsprozess beteiligt, sondern nur eine anleitende Funktion übernimmt.[75] In der Messebranche erledigt der Projektleiter die Aufgaben ebenso wie das restliche Projektteam. Insbesondere bei der beschriebenen fiktiven Messe ist dies eine Notwendigkeit, da das Team nur aus wenigen Mitgliedern besteht. Entgegen der Auffassung von Wolf, van Solingen und Rustenburg, die die Scrum-Methode in die allgemeine Projektorganisation implementierten, ist der Projektleiter hier nicht außenstehend.[76] Aus diesem Grund sollte der Product Owner Teil des Entwicklungsteams sein. Dem Scrum Guide zufolge ist dies legitim.[77]

Das **Entwicklungsteam** besteht darüber hinaus aus der Projektassistenz und einem Praktikanten. Für Scrum ist es wichtig, dass ein Praktikant ständiges Team-Mitglied ist. Ein Kapazitätsüberschuss kann täglich im Daily Scrum festgestellt werden. In diesem Fall ist es möglich das Mitglied einem anderen Messe-Team zuzuordnen, bis zum nächsten Daily Scrum. Kapazitätsengpässe sind ebenfalls im Daily Scrum ersichtlich. Ein weiterer Praktikant kann dann das Entwicklungsteam unterstützen. Mit der Scrum-Methode ergibt sich somit eine bessere Kapazitätsverteilung, da diese zu Beginn eines jeden Tages neu geplant wird.[78]

75 Vgl. Wolf/van Solingen/Rustenburg, 2014, S. 69; Schwaber/Sutherland, 2013, S. 6.
76 Vgl. Wolf/van Solingen/Rustenburg, 2014, S. 35.
77 Vgl. Schwaber/Sutherland, 2013, S. 6.
78 Vgl. Neumann, 2015.

Die Rolle des **Scrum Masters** ist der Geschäftsführung vorbehalten. Aufgrund anderer Verpflichtungen ist es erforderlich, dass diese nicht zu intensiv in das Scrum Team eingebunden wird. Insbesondere bei einer Ausweitung von Scrum auf weitere Projektteams des Messeveranstalters wird die Notwendigkeit dessen deutlich, da die Methode seine Anwesenheit bei jedem Sprint Planning, Sprint Review und jeder Sprint Retroperspektive fordert. Eine Teilnahme an den Daily Scrums ist für ihn dann folglich zeitlich nicht realisierbar und zudem im Scrum Guide untersagt. Der Scrum Master übernimmt darüber hinaus die Aufgabe, Scrum in die Gesellschaft zu integrieren. Dies bedeutet, die Geschäftsführung ist dafür verantwortlich, dass Scrum von allen Beteiligten verstanden, akzeptiert und ausgeführt wird. Die autoritäre Position, die hier hilfreich sein kann, ist ein weiterer Grund weshalb die Geschäftsführung die Rolle des Scrum Masters übernehmen sollte.[79]

Schlussendlich müssen auch die Scrum-Ereignisse auf die Messeorganisation der fiktiven Messe übertragen werden. Da es sich hier um den Kern von Scrum handelt, sollen keine starken Veränderungen vorgenommen werden.[80]

Die **Time Boxen** können so wie in der Abbildung 7 vorgegeben, übernommen werden, da Scrum für die fiktive Messe in einem Zeitraum von einem Jahr verwendet wird und ein verkürzen der Time Box des Sprints eine Erhöhung der anderen Sprint-Ereignisse mit sich bringt. Dies ist, insbesondere bei einer Ausweitung von Scrum auf andere Projektteams, nicht ratsam, da es zu einer Überbeanspruchung des Scrum Masters führen könnte.

Sprint, **Sprint Planning**, **Sprint Review**, **Sprint Retroperspektive** und der **Daily Scrum** können so durchgeführt werden, wie es im Kapitel 5.3 beschrieben wurde. Es ist sogar zwingend, dass keines der Ereignisse ausgelassen oder deren Funktion abgewandelt wird, denn sie garantieren die Achtung der **drei Säulen** von Scrum – Transparenz, Überprüfung und Anpassung.[81]

Eine Ausnahme ist jedoch notwendig. Das operative Tagesgeschäft ist eine obligatorische Konstante in der Messeorganisation und sollte daher bei der Implementierung eine gesonderte Beachtung finden. Eine Möglichkeit stellt der

79 Vgl. Schwaber/Sutherland, 2013, S. 7.
80 Vgl. Schwaber/Sutherland, 2013, S. 8.
81 Vgl. Schwaber/Sutherland, 2013, S. 7 f.

Einschub einer entsprechenden Time Box nach jedem Daily Scrum dar. So würde ein Tagesablauf in der Messeorganisation der fiktiven Messe wie folgt aussehen:

Der Daily Scrum findet täglich um 9 Uhr statt. Es wird geklärt, was am Vortag getan wurde, was heute zu erledigen ist und ob es eventuelle Hindernisse gibt. Nach einer Time Box von 15 Minuten endet der Daily Scrum und das Zeitfenster für das operative Tagesgeschäft wird eingeschoben. Innerhalb einer Time Box von drei Stunden hat das Entwicklungsteam nun die Möglichkeit frei zu arbeiten, ohne die Aufgaben des Sprint Backlogs zu erfüllen. Im Anschluss beginnt die Ausführung der Aufgaben aus dem Daily Scrum. Tage an denen ein anderes Sprint-Ereignis ansteht (vgl. Abbildung 7), sind frei vom Daily Scrum und stehen ebenfalls dem operativen Tagesgeschäft zur Verfügung.

Dies ist nur eine Konzeption für die Gestaltung eines Sprint-Tages. Bei dem Versuch Scrum auszuführen, muss geprüft werden, ob es andere Möglichkeiten der Zeiteinteilung gibt und welche praktisch besser realisierbar sind. Dieser Beitrag gibt nur einen theoretischen Rahmen. Eine Umsetzung dessen und deren Beurteilung ist nicht Teil davon.

Exkurs

Scrum wird von Schwaber und Sutherland als Prozess verstanden, bei dem Wissen aus Erfahrungen gewonnen wird.[82] Dieser inkrementelle Ansatz hat seinen Ursprung im strategischen Management, wo er genutzt wird, um die Unternehmensstrategie zu formulieren. Im Gegensatz dazu steht der rational-synoptische Ansatz. Die beiden Muster lassen sich auf die Situation der fiktiven Messe mit und ohne Scrum übertragen, wobei der wichtigsten Vorteile der Scrum-Methode sehr deutlich werden. Aus diesem Grund werden sie an dieser Stelle des Beitrags erwähnt.[83]

Die IST-Situation der Messeorganisation ist vergleichbar mit dem **rational-synoptischen Ansatz**, eine traditionelle Sichtweise, die auch zu den Äußerungen von Bundschuh passt, dass der Mensch stets eine grobe Vorplanung macht, um dann mit genügend Anstrengung ein adäquates Endergebnis zu erzielen, dass

82 Vgl. Schwaber/Sutherland, 2013, S. 3.
83 Vgl. Corsten/Corsten, 2012, S. 142.

jedoch viel detailreicher ist als anfangs vorgeplant.[84] Mit der Idee zu einer neuen Messe entsteht eine ungenaue Idealvorstellung, eine wage Konzeption. Alle Maßnahmen ergeben sich aus dieser langfristig vorgegebenen Zielformulierung. Es entsteht ein Blueprint (dt: Blaupause[85]), ein verifizierter Standardplan, der zu jeder folgenden Messe reproduziert wird. Nachteilig ist hier, dass zur allerersten Messe viel Zeit für den Konzeptentwurf beansprucht wurde. Außerdem lässt der Blueprint wenig Platz für Verbesserungen und Anpassungen, da sich streng an den Standards orientiert wird.[86]

Die Scrum-Methode arbeitet, wie erwähnt, nach dem **inkrementellen Ansatz**.[87] Jedes Inkrement, dass zum Ende eines Sprints fertiggestellt werden soll, wird erst im Sprint Planning definiert. So wie im strategischen Management bei diesem Ansatz kein Gesamtplan erstellt wird, gibt es auch bei Scrum keine spezifische Grundlage. Ein Vorteil ist hier, dass schneller mit der eigentlichen Arbeit begonnen werden kann. Es gilt die Prämisse, dass eine vollständige Durchdringung des Projektes gleich zu Beginn nicht möglich ist. Die Projektorganisation erfolgt nach dem „Muddling through" Prinzip.[88] Das bedeutet Fragen werden dann geklärt, wenn sie entstehen und die Abarbeitung der einzelnen Product-Backlog-Einträge erfolgt in einer nicht vorgegebenen Reihenfolge. Damit ist das Projekt-Team schneller reaktionsfähig und kann sich kontinuierlich verbessern. Ein Kow-How-Transfer, wie Degen ihn sich nach der Messe vorstellt, ist damit nach jedem Sprint möglich. Dazu dient die Sprint Retroperspektive, in der Fehler analysiert und beim folgenden Sprint vermieden werden.[89]

84 Vgl. Bundschuh, 2003, S. 21.
85 Vgl. Deutsch-Englisch-Wörterbuch, 2015d.
86 Vgl. Corsten/Corsten, 2012, S. 142 f.
87 Vgl. Schwaber/Sutherland, 2013, S. 3.
88 Corsten/Corsten, 2012, S. 143: Damit wird das Durchwursteln durch den Problemlösungs- und Planungsprozess beschrieben.
89 Vgl. Corsten/Corsten, 2012, S. 143; Degen, 2003, S. 947; Schwaber/Sutherland, 2013, S. 12.

7 Fazit und Ausblick

Dieser Beitrag stellte den Versuch dar, Scrum als ein neues Tool in die Messeorganisation zu implementieren. Dies gelang fast ausnahmslos. Es wurde lediglich eine Time Box hinzugefügt, die dem Projektteam die Zeit für die Aufgaben des operativen Tagesgeschäftes verschafft. Da jedoch die, ursprünglich zur Produktentwicklung genutzte, Scrum-Methode bereits im modernen Projektmanagement erfolgreich verwendet wird, war die Übertragung auf die Strukturen der Messe nicht mit weiteren Schwierigkeiten verbunden, da in den vorangegangenen Kapiteln Messen sowohl mit Projekten als auch Produkten in Zusammenhang gebracht werden konnten.[90]

Um Scrum vollends in die Messeorganisation zu integrieren, bedarf es weiterer Forschungsarbeit. Letztendlich werden nur die theoretischen Konzepte übernommen, die sich für den Menschen praktikabel und umsetzbar erweisen.[91] Daher wird an dieser Stelle zu einem Modellversuch geraten, der die Ansätze dieses Beitrags aufgreift, ausbaut und verifiziert – möglicherweise in Verbindung mit einer Nutzwertanalyse, um die Vorteilhaftigkeit der Scrum-Methode messbar zu machen. Zu beachten ist hier, dass die Verwendung von Scrum voraussetzt, dass der Scrum Master auf einem entsprechenden Seminar die Regeln und Techniken der Methode verinnerlicht hat.[92] Der Einsatz von Scrum verlangt außerdem eine entsprechende Software, mit deren Hilfe zum Beispiel der Product Backlog bearbeitet und vom gesamten Scrum Team eingesehen werden kann.[93]

Darüber hinaus sollte dieser Beitrag auch mit Kritik gewürdigt werden. Unter anderem wurde der Implementierungsversuch nur auf eine fiktive Messe gestützt, die zwar einem realen Beispiel nachempfunden wurde, jedoch tiefergehende Betrachtungen ausschließt. Zudem wurde der Faktor Mensch in den vorangegangenen Betrachtungen ausgeblendet. Scrum benötigt vor allem Akzeptanz, um

90 Vgl. Schilling, 2015.
91 Vgl. Neumann, 2015.
92 Für mehr Informationen zu einem zertifizierten Scrum Master Seminar mit Jeff Sutherland vgl. Scrum Events, 2015.
93 Vgl. Schilling, 2015. Comindware Project wäre ein Beispiel für eine Software. Eine kostenlose Testversion steht zum Download bereit.

zu gelingen.[94] Dies bedeutet, dass die Mitglieder des Scrum Teams zwingend bestimmte Eigenschaften in der Persönlichkeit mitbringen sollten – Innovationsfreudigkeit, Neugier und Teamfähigkeit, denn ein Tool ist nur so gut wie die Menschen, die damit arbeiten.

Neu ist das Stichwort für die Messewirtschaft: Scrum ist neu in der Branche. Dieser Beitrag zeigt, welches Potential in der Methode verborgen liegt und dass die Implementierung nicht mit unüberwindbaren Hindernissen verbunden ist. Es geht vor allem darum, die Idee hinter Scrum zu verstehen und diese für sich nutzbar zu machen – das ist auch die Intention der beiden Begründer, Ken Schwaber und Jeff Sutherland.[95]

94 Vgl. Wolf/van Solingen/Rustenburg, 2014, S. 68.
95 Vgl. Schwaber/Sutherland, 2013, Wolf/van Solingen/Rustenburg, 2014, S. 68.

Literaturverzeichnis

Albers, Sönke; Herrmann, Andreas (Hrsg.) (2007): Handbuch Produktmanagement, 3. Auflage, Wiesbaden (Gabler Verlag).

Andler, Nicolai (2009): Tools für Projektmanagement, Workshops und Consulting, 2. Auflage, Erlangen (Publicis Publishing).

Appel, Christiane (2015): Preis für „fundamental Neues", in: m+a report, Mai/ Juni 2015, S. 13.

AUMA (1996): Leitsätze zur Typologie von Messen und Ausstellungen, Köln (ohne Verlag).

AUMA (2015a): Messen in Deutschland, http://www.auma.de/de/Erfolg Durch Messen/MessenInDeutschland/Seiten/Default.aspx (ohne Einstellungsdatum, abgerufen am 30.05.2015).

AUMA (2015b): Messemarkt Deutschland, http://www.auma.de/de/ Messemarkt/ MessemarktDeutschland/Seiten/Default.aspx (ohne Einstellungsdatum, abgerufen am 30.05.2015).

Bea, Franz Xaver; Scheurer, Steffen; Hesselmann, Sabine (2014): Praxis der Projektplanung, Konstanz u.a. (UVK Verlagsgesellschaft).

Bernecker, Michael; Eckrich, Klaus (Hrsg.) (2003): Handbuch Projektmanagement, München u.a. (Oldenbourg Wissenschaftsverlag)

Brockhoff, Klaus (1999): Produktpolitik, 4. Auflage, Stuttgart (UTB Verlag).

Brockhoff, Klaus (2007): Produktinnovation, in: Albers, Sönke; Herrmann, Andreas (Hrsg.): Handbuch Produktmanagement, 3. Auflage, Wiesbaden (Gabler Verlag), S. 19 - 48.

Bundschuh, Manfred (2003): Komplexitätsbewältigung, in: Bernecker, Michael; Eckrich, Klaus (Hrsg.): Handbuch Projektmanagement, München u.a. (Oldenbourg Wissenschaftsverlag), S. 13 - 34.

Corsten, Hans; Corsten, Hilde; Gössinger, Ralf (2008): Projektmanagement, 2. Auflage, München u.a. (Oldenbourg Wissenschaftsverlag).

Corsten, Hans; Corsten, Martina (2012): Einführung in das Strategische Management, Konstanz u.a. (UVK Verlagsgesellschaft).

Degen, Michael (2003): Besonderheiten der Aufbau- und Ablauforganisation von Messegesellschaften, in: Kirchgeorg, Manfred et al. (Hrsg.): Handbuch Messemanagement, Wiesbaden (Gabler Verlag), S. 939 - 952.

Deutsch-Englisch-Wörterbuch (2015a): deutsche Übersetzung für tool, http://www.dict.cc/englisch-deutsch/tool.html (ohne Einstellungsdatum, abgerufen am 01.07.2015).

Deutsch-Englisch-Wörterbuch (2015b): deutsche Übersetzung für scrum, http://www.dict.cc/englisch-deutsch/scrum.html (ohne Einstellungsdatum, abgerufen am 07.07.2015).

Deutsch-Englisch-Wörterbuch (2015c): deutsche Übersetzung für guide, http://www.dict.cc/englisch-deutsch/guide.html (ohne Einstellungsdatum, abgerufen am 07.07.2015).

Deutsch-Englisch-Wörterbuch (2015d): deutsche Übersetzung für blueprint, http://www.dict.cc/englisch-deutsch/blueprint.html (ohne Einstellungsdatum, abgerufen am 19.07.2015).

Duden (2015a): Definition für Artefakt, http://www.duden.de/rechtschreibung/Artefakt (ohne Einstellungsdatum, abgerufen am 08.07.2015).

Duden (2015b): Definition für Inkrement, http://www.duden.de/rechtschreibung/Inkrement (ohne Einstellungsdatum, abgerufen am 10.07.2015).

Duden (2015c): Definition für Turnus, http://www.duden.de/rechtschreibung/Turnus#Bedeutung1 (ohne Einstellungsdatum, abgerufen am 03.07.2015).

Gewerbeordnung (GewO), 38. Auflage, München 2013 (Deutscher Taschenbuch Verlag).

Grochla, Erwin (1966): Automation und Organisation, Wiesbaden (Gabler Verlag).

Hufnagel, Walter (2003): Effizientes Projekt- und Prozessmanagement als Erfolgsfaktor des Messemanagements, in: Kirchgeorg, Manfred et al. (Hrsg.): Handbuch Messemanagement, Wiesbaden (Gabler Verlag), S. 732 - 743.

Jarnut, Jörg (1991): Die Anfänge des europäischen Messewesens, in: Koch, Rainer (Hrsg.): Brücke zwischen den Völkern – zur Geschichte der Frankfurter Messe, Bd. 1, Frankfurt am Main (Dezernat für Kultur und Freizeit), S. 1 - 13.

Kirchgeorg, Manfred (2003): Funktionen und Erscheinungsformen von Messen, in: Kirchgeorg, Manfred et al. (Hrsg.): Handbuch Messemanagement, Wiesbaden (Gabler Verlag), S. 51 - 71.

Kirchgeorg, Manfred et al. (Hrsg.) (2003): Handbuch Messemanagement, Wiesbaden (Gabler Verlag).

Luppold, Stefan (2014): Vorwort des Herausgebers, in: Luppold, Stefan (Hrsg.): Stakeholder im Fokus, Management-Ansätze für Messeveranstalter, Sternenfels (Verlag Wissenschaft & Praxis) S. 5.

Luppold, Stefan (Hrsg.) (2014): Stakeholder im Fokus. Management-Ansätze fürMesseveranstalter, Sternenfels (Verlag Wissenschaft & Praxis).

Napier, Mark (2014): Gulfood – Important announcement. Dubai World Trade Centre, Dubai (ohne Verlag).

Neumann, Sönke (2015): Geschäftsführer der BL CONCEPT GmbH, telefonisches Gespräch am 03.06.2015.

Olfert, Klaus (2014): Kompakt-Training Projektmanagement, 9. Auflage, Herne (NWB Verlag).

OOPPSLA (2015): OOPSLA History, http://www.oopsla.org/oopsla-history/ (ohne Einstellungsdatum, abgerufen am 07.07.2015).

Pepels, Werner (2013): Produktmanagement: Produktinnovation – Markenpolitik – Programmplanung – Prozessorganisation, 6. Auflage, München u.a. (Oldenbourg Wissenschaftsverlag).

Peters, Michael (1992): Dienstleistungsmarketing in der Praxis: am Beispiel eines Messeunternehmens, Wiesbaden (Deutscher Universitäts-Verlag).

Rodekamp, Volker (2003): Zur Geschichte der Messen in Deutschland und Europa, in: Kirchgeorg, Manfred et al. (Hrsg.): Handbuch Messemanagement, Wiesbaden (Gabler Verlag), S. 5 - 13.

Scheibler, Albert (1974): Unternehmungs-Organisation. Lehrbuch für Studium und Praxis, Wiesbaden (Gabler Verlag).

Schilling, Philip (2015): Modernes Projektmanagement mit der Scrum-Methode, http://blog.hwr-berlin/elerner/2014/06/30/moderner-projektmanagement-mit-der-scrum-methode/ (eingestellt am 30.06.2014, abgerufen am 19.01.2015).

Schoop, Kurt (2003): Historie und Entwicklung von Fachmessekonzepten, in: Kirchgeorg, Manfred et al. (Hrsg.): Handbuch Messemanagement, Wiesbaden (Gabler Verlag), S. 15 - 29.

Schraudy, Kurt (2003): Produktentwicklung in der Messeindustrie, in: Kirchgeorg, Manfred et al. (Hrsg.): Handbuch Messemanagement, Wiesbaden (Gabler Verlag), S. 439 -501.

Schwaber, Ken; Sutherland, Jeff (2013): Der Scrum Guide, o.O. (Scrum.Org and Scrum Inc.).

Schwarze, Jochen (2010): Projektmanagement mit Netzplantechnik, 10. Auflage, Herne (NWB Verlag).

Scrum Events (2015): Certified Scrum Master Seminar (SCM) mit Jeff Sutherland, http://www.scrum-events.de/certified-scrum-master-mit-jeff-sutherland.html (ohne Einstellungsdatum, abgerufen am 21.07.2015).

Stöger, Roman (2007): Wirksames Projektmanagement, 2. Auflage, Stuttgart (Schäffer-Poeschel Verlag).

VDMA (2015): Gulfood Manufacturing 2014 – erfolgreiches Debüt, http://nuv.vdma.org/article/-/articleview/6277468 (eingestellt am 03.12.2014, abgerufen am 06.07.2015).

Walder, Franz-Peter; Patzak, Gerold (1997): Qualitätsmanagement und Projektmanagement, Braunschweig u.a. (Vieweg Verlag).

Wicher, Hans (2003): Projektorganisation, in: Bernecker, Michael; Eckrich, Klaus (Hrsg.): Handbuch Projektmanagement, München u.a. (Oldenbourg Wissenschaftsverlag), S. 69 - 84.

Wischnewski, Erik (2001): Modernes Projektmanagement, 7. Auflage, Braunschweig u.a. (Vieweg Verlag).

Wolf, Henning; van Solingen, Rini; Rustenberg, Eelco (2014): Die Kraft von Scrum, Heidelberg (dpunkt Verlag).

Zell, Helmut (2003): Grundbegriffe und Grundstrukturen von Projekten, in: Bernecker, Michael; Eckrich, Klaus (Hrsg.): Handbuch Projektmanagement, München u.a. (Oldenbourg Wissenschaftsverlag), S. 53 - 68.

DIE VIRTUELLE MESSE ALS HERAUSFORDERUNG

EINE KRITISCHE GEGENÜBERSTELLUNG MIT KLASSISCHEN VERANSTALTUNGEN

Christina Schwenkel

Inhaltsverzeichnis

1 Einführung in die Thematik

1.1 Zielsetzung

Ständige technologische Weiterentwicklungen erhalten immer mehr Einzug in die moderne Arbeitsumgebung und verändern diese grundlegend. Gleichzeitig wird immer mehr Wert auf Effizienz und Nachhaltigkeit gelegt, sodass klassische Messen als ressourcenintensives Marketinginstrument ins Blickfeld rücken. Moderne Kommunikationstechnik wird immer alltäglicher, vor allem bei jungen Menschen ist eine Zunahme virtueller Kommunikation ohne Direktkontakt zu beobachten. Vieles, das vor einigen Jahren noch undenkbar oder technisch unmöglich war, ist nun bereits Realität geworden.

Auch wenn die virtuelle Messe als Online-Konzept vor über 10 Jahren bereits scheiterte, muss über deren Potential zur Revolutionierung der Messebranche neu nachgedacht werden, denn seitdem hat sich doch einiges geändert.

Zweck dieser Arbeit ist daher, das Potential virtueller Messen zum gegenwärtigen Zeitpunkt zu untersuchen und anhand dessen die Zukunftsperspektiven der klassischen Messeveranstaltung zu beurteilen. Ob die virtuelle Messe eine Herausforderung für die klassische Messe darstellt, wird anhand der Chancen und Grenzen beider Formen von Messen überprüft und analysiert. Für die Beurteilung werden Faktoren in Betracht gezogen, die sich auf dieses Verhältnis auswirken könnten. So wird beispielsweise geprüft, welchen Einfluss die Branche oder andere Entwicklungen im Messesektor auf die Chancen der virtuellen Messe haben. In einem weiteren Schritt wird die technische Seite beleuchtet, um eine Einschätzung für Fortschritte in diesem Bereich zu geben, welche in naher Zukunft auf uns zukommen und sich auf den Erfolg virtueller Messen auswirken können.

Untersucht wird die Thematik anhand der Investitionsgüterindustrie als Teilbereich des Business-to-Business Marktes. In der vorliegenden Arbeit wird von der klassischen und der virtuellen Messe gesprochen, wobei klassisch sich auf die traditionelle, physische Veranstaltung bezieht.

1.2 Herangehensweise

Basis für den Inhalt sind neben theoretischen Grundlagen Expertengespräche, die aus verschiedenen Perspektiven einen Einblick in die Thematik ermöglichen. Um die Problematik möglichst ganzheitlich aus unterschiedlichen Blickwinkeln zu erfassen, müssen die Experten differierende Hintergründe besitzen. Für diese Arbeit werden als relevant erachtet:

- Ein Vertreter eines klassischen Messeveranstalters
- Ein Vertreter eines Veranstalters, der virtuelle Messen organisiert
- Ein Experte mit einer allgemeinen Branchenkenntnis, ohne auf eine Seite festgelegt zu sein
- Ein Vertreter eines Unternehmens der Investitionsgüterbranche, das auf Fachbesuchermessen ausstellt
- Ein Experte, der sich mit den technischen Möglichkeiten auskennt und Einblicke in aktuelle Trends und Entwicklungen hat
- Jemand, der Messen aus der Perspektive eines Fachbesuchers kennt
- Ein Experte aus dem Ausland mit dem entsprechenden Hintergrund

Mit den Interviewpartnern wurden qualitative, das heißt offen verlaufende Befragungen durchgeführt, auf deren Analyse die Erkenntnisse dieser Arbeit beruhen. Nähere Informationen über die Experten und deren Hintergründe können dem Gesprächsverzeichnis entnommen werden.

2 Potenziale und Grenzen der virtuellen Messe gegenüber der klassischen Form

2.1 Zum Verständnis einer virtuellen Messe

Das Internet revolutioniert unseren Alltag und den der Unternehmen. Virtuelle Messen sind ein Phänomen, das diese Entwicklung mit sich gebracht hat.

Unter einer virtuellen Messe wird grundsätzlich eine Messe verstanden, die im Internet stattfindet.[1] Genauer betrachtet handelt es sich bei einer virtuellen Messe um eine webbasierte Plattform, auf der vergleichbar mit einer klassischen Messe verschiedene Akteure an einem Ort zusammenkommen.[2] Dieses virtuelle Aufeinandertreffen ist völlig unabhängig vom physischen Raum und ermöglicht große Flexibilität. Findet die virtuelle Veranstaltung permanent statt, so entfällt auch jegliche Abhängigkeit von der Zeit. Jede Interaktion zwischen dem Aussteller und dem Besucher findet in einer Multimediaumgebung statt, wobei je nach technischer Ausstattung ein textlicher, akustischer oder visueller Austausch möglich ist. Der Gestaltung einer virtuellen Messe sind keine Grenzen gesetzt und alles, das technisch möglich ist, kann theoretisch auch eingesetzt werden.

Einige Literaturquellen unterscheiden bei virtuellen Messen die Begleitmesse und die Substitutionsmesse, wobei die Begleitmesse die physische Veranstaltung virtuell ergänzen soll, während die Substitutionsmesse sie ersetzt und ins Virtuelle verlegt.[3] Andere Quellen wiederum widersprechen dieser Aufteilung. In dieser Arbeit soll die virtuelle Messe als *ausschließlich online stattfindend* verstanden werden, was sich auch mit dem Verständnis der Experten deckt. Handelt es sich um eine Verknüpfung der virtuellen Welt mit einer physischen Messe, spricht man in dem Fall von einem hybriden Event.[4]

1 Vgl. Geisser (2013), S. 230 und Kromer von Baerle (2003), S. 805.
2 Vgl. Geigenmüller (2010), S. 286 und Kromer von Baerle (2003), S. 810; die Quellen beziehen sich auch auf die weiteren Sätze in dem Absatz.
3 Vgl. Geigenmüller (2010), S. 286; Backhaus/ Zydorek (1996), S. 12.
4 Vgl. Leitinger (2013), S. 120.

2.2 Gegenüberstellung beider Veranstaltungstypen

Ob virtuelle Messen eine Herausforderung für klassische Messen darstellen oder in naher Zukunft darstellen werden, soll im Folgenden zunächst anhand der Bewertung der Vor- und Nachteile beider Arten von Messen aus Sicht der Experten betrachtet werden.

Es dürfte wohl kaum überraschen, dass *alle* Experten die Kosten als sehr bedeutenden **Nachteil der klassischen Messe** an erster Stelle benennen. Vor allem von Ausstellerseite aus sind oftmals exorbitante Investitionen notwendig um eine Messebeteiligung zu finanzieren. Dabei macht die Standmiete einen großen Anteil aus, je nach Standbau kann jedoch noch einiges hinzukommen. Zudem fallen Reisekosten für die Mitarbeiter an und Exponate und Materialien müssen zum Austragungsort transportiert werden. Damit kommt man auf eine Investitionssumme, die je nach Standgröße schnell im sechsstelligen Bereich liegt. Wenn das Unternehmen jedoch entsprechend von der Messe profitiert und gute Nacharbeit leistet, so relativieren sich die Kosten wieder, betont ein Experte.

Der Nachteil der am zweithäufigsten genannt wird, ist der immense Aufwand im Vorfeld. Bei kleinen Unternehmen kümmert sich oft eine einzelne Person um die komplette Messeorganisation, für große Unternehmen liegt die Schwierigkeit in aufwendigen und zeitintensiven Standkonzepten.

Nicht zu unterschätzen ist auch die Arbeit, die aufgrund der Abwesenheit vom Büro nicht erledigt werden kann. Auch Nachhaltigkeit wird als Aspekt genannt, denn die Anreise verursacht bei einer Messe 80% des CO^2-Ausstoßes, wie ein Gespräch ergibt. Darüber hinaus sind die Menschen es inzwischen gewohnt, notwendige Informationen online zu erhalten ohne das Büro zu verlassen und sich beispielsweise durch eine überfüllte Messehalle drängen zu müssen. Die begrenzte Erreichbarkeit einer klassischen Messe ist auch deshalb ein Nachteil, weil Geschäftspartner vermehrt im Ausland sitzen.

Auch bei Messebesuchern steht ein großer Zeit- und damit auch Kostenfaktor im Raum, manche Besucher sind auch lediglich an einem Thema der Messe interessiert und möchten dafür keinen langen Weg auf sich nehmen.

Es wird deutlich, dass die Interviews viele Schwächen der klassischen Messe hervorbrachten, aber nicht immer gleich viele Aspekte als Nachteile klassifiziert wurden. Die Ergebnisse erwecken den Eindruck, dass Experten mehr Nachteile der klassischen Messe nennen wenn sie mehr Anknüpfungspunkte zu virtuellen Messen besitzen.

Diese Einschätzung spiegelt sich auch bei den **Vorteilen der virtuellen Messe** wider. Experten mit mehr Berührungspunkten zur klassischen Messe sehen in der virtuellen Messe „eigentlich relativ wenig" bis „wirklich keine Vorteile". Dies wirft die Theorie auf, ob das negative Bild der virtuellen Messe möglicherweise aus dem fehlenden Umgang mit dem Kommunikationsmittel resultiert. Darauf soll jedoch später eingegangen werden.

Am häufigsten wird der Kostenfaktor als Vorteil genannt – der klassischen Messe größtes Problem. Ein Experte erwähnt, dass ein Stand auf einer permanenten virtuellen Messe für ein ganzes Jahr weniger als 4000€ kosten kann. Verglichen mit den hohen Investitionen in einen klassischen Messestand wird der immense Vorteil deutlich.

Eine virtuelle Messeteilnahme ist jedoch nicht nur kosten-, sondern auch zeiteffizient. Besucher profitieren von der nicht notwendigen Reise, lediglich durch Einloggen in das Webportal betreten sie die Messehalle. Aussteller können ihren Messestand bequem am Schreibtisch in kurzer Zeit konzipieren. Ein Experte betont, dass sich eine *gute* virtuelle Messe sehr intuitiv bedienen lässt und man einen Stand ohne weiteres an einem einzigen Tag designen kann. Darüber hinaus können neue Stände in der virtuellen Welt per „Copy & Paste" errichtet werden, was sowohl dem Aussteller als auch dem Veranstalter viel Aufwand erspart.

Neben den Kosten wird die hohe Reichweite einer virtuellen Messe genauso häufig als Vorteil angeführt. Ein Experte betont, dass er auf einer virtuellen Messe Menschen trifft, die niemals zur klassischen Messe angereist wären. Die Überwindung von Raum ermöglicht ihr eine Reichweite, die eine klassische Messe in dem Umfang nicht erreichen kann.

Zwei Experten sprechen das vereinfachte Tracking des Besucherverhaltens an, das anonymisiert für Marktforschungszwecke verwendet werden kann. Zudem kann der Aussteller konkret nachvollziehen, wer den Stand angeklickt hat und erhält dessen Kontaktdaten, was die Nacharbeit der Veranstaltung erleichtert. Eine virtuelle Messe verhilft dem Unternehmen außerdem zu mehr Treffern in Suchmaschinen und damit einer höheren Onlinepräsenz.

Ein interessanter Vorteil der virtuellen Messe ist der einfachere Kontakt. Networking kann manchen Menschen ohne persönlichen Kontakt und dadurch mit einer gewissen Anonymität durchaus leichter fallen. Die Popularität sozialer Netzwerke zeigt es, das Networking ist nur anders geartet als im realen Leben.

Nachdem sich die Experten bei den Vorteilen der virtuellen Messe nicht gänzlich einig waren, nennen *alle* Befragten **Nachteile einer virtuellen Messe**. Am häufigsten wird dabei der fehlende persönliche Kontakt angeführt. Es geht auf einer Messe darum, dem Kunden die Hand schütteln zu können, ihm in die Augen zu sehen und abends ein Bier mit ihm zu trinken, wie ein Befragter ausführt. Im direkten Kontakt kann Sympathie festgestellt werden, worauf doch viele Entscheidungen basieren. Genau das ist bei einer virtuellen Messe nicht möglich. In den Augen der Experten ist dies jedoch notwendig für einen Vertrauensaufbau, der Basis für eine künftige Geschäftsbeziehung ist. Oftmals ziehen sich gerade bei großen Investitionen Verkäufe auch über Jahre hin, ohne dass ein Abschluss getätigt wird. Diesen Prozess virtuell zu begleiten, ist schlichtweg nicht möglich, meint ein Experte.

Die begrenzte Wahrnehmung wird als weiterer Nachteil der virtuellen Messe von vier Experten als wichtig erachtet. Das haptische Erlebnis, das eine physische Messe bietet, lässt sich virtuell kaum nachempfinden. Doch gerade dieses weckt oft Begeisterung, involviert den emotionalen Faktor und schafft eine bleibende Erinnerung. Zusätzlich ist es schwierig, virtuell von der Qualität der Exponate zu überzeugen. Auf einem physischen Messestand hingegen ist die sensorische Wahrnehmung uneingeschränkt.

Die Nachteile tragen möglicherweise auch zur fehlenden Akzeptanz virtueller Messen bei. Vor allem in Deutschland hat die Veranstaltungsbranche eine sehr lange Tradition und hält an diesen bestehenden Werten fest. Außerdem sind Messen oft in der Hand von Kommunen, die die Besucher vor Ort bringen möchten, damit die lokale Wirtschaft profitiert. Virtuelle Veranstaltungen werden daher oft kritisch beäugt und als Bedrohung verstanden.

Jene zwei Experten die der virtuellen Messe generell kritisch gegenüberstehen, hinterfragen auch die Notwendigkeit einer solchen Plattform. Bestenfalls sehen sie in ihr ein Informationsportal ohne klaren Mehrwert zur Website.

Als wesentlicher **Vorteil einer klassischen Messe** wird von allen Experten der persönliche Kontakt genannt. Manche gehen sogar so weit, ihn als ihren Hauptzweck zu sehen, der sich durch nichts ersetzen lässt. Die menschliche Begegnung baut Vertrauen auf, innerhalb dessen sich Geschäftskontakte etablieren und pflegen lassen. Dies schafft einen Bezug zum Menschen, zum Unternehmen und zum Produkt. Gerade im digitalen Zeitalter hat dieser direkte und informelle Austausch einen sehr hohen Stellenwert, den man nicht unterschätzen darf. Diese Meinung teilen alle Experten, auch jene, welche mit der virtuellen Messe arbeiten.

Am zweithäufigsten wird eine Live-Demonstration des Produktes als Vorteil genannt. Der Besucher kann das Exponat von allen Seiten begutachten, das Material anfassen und sich ein Bild der Qualität machen. Das Vorführen der Funktionsweise von Exponaten kann zudem eine Art Eventcharakter haben und macht die Messe zum Ereignis, zu dem Besucher und Aussteller bewusst anreisen, um es zu *erleben*. In einer umfassenderen Betrachtungsweise gehören dazu auch das Ausbrechen aus dem Alltag und die Reise in eine fremde Stadt.

Eine klassische Messe gibt einen Marktüberblick, Wettbewerber können beobachtet und neue Geschäftspartner gefunden werden. Treffen können für diesen Zeitraum geplant werden, wenn beide Partien ohnehin vor Ort sind. Es geht aber nicht nur um Planungen, auch Zufälligkeiten spielen eine Rolle. Möglicherweise wird eine Lösung für ein Problem gefunden, die in dieser Weise nicht erwartet wurde. Außerdem kann es ein Thema sein, auf der Messe Größenverhältnisse aufzuzeigen und in dieser Form Imagepflege zu betreiben.

Die Betrachtung aller angeführten Vorteile der klassischen Messe unterstreicht auch den letzten wichtigen Aspekt, ihre Multifunktionalität. Die Vereinigung vieler Marketingziele in nur einem Instrument macht die klassische Messe so populär. Dennoch wird gleichermaßen deutlich, dass auch die virtuelle Messe viel Potential mitbringt, dem sich die klassische Messe stellen muss.

2.3 Relevante Faktoren

Die Chancen einer virtuellen Messe, die klassische Messe herauszufordern, lassen sich nicht verallgemeinern. Während den Gesprächen konnten einige Faktoren identifiziert werden, die dies maßgeblich beeinflussen. Ein Aspekt ist die Branchenabhängigkeit, welcher bereits vor den Interviews vermutet und in den Gesprächen bewusst angesprochen wurde.

Vier von sechs Experten glauben in der Tat, dass der Erfolg einer virtuellen Messe stark von der Branche abhängt. Mehrmals ist von Software die Rede, die einfacher virtuell demonstriert werden kann wie beispielsweise eine Maschine und ebenfalls eine Investition sein kann.

Lediglich zwei Experten sehen keine Abhängigkeit von der Branche. Interessant ist, dass die Antworten dieser beiden Experten ansonsten weit auseinander liegen. Einer der beiden, tätig im Bereich der klassischen Messe, sieht den persönlichen Kontakt als entscheidenden Faktor an. Dieser wirkt praktisch unabhängig von dem Produkt als „K-O-Kriterium" für die virtuelle Messe. Der andere begründet es damit, dass virtueller Verkauf auch bei haptischen Produkten wie Kleidung erfolgreich ist. Seiner Erfahrung nach funktioniert dies genauso mit Investitionsgütern oder technischen Produkten im Allgemeinen. Trotzdem räumt er größere Einschränkungen ein bei Produkten, die weitere Sinne ansprechen. Sogleich fügt er aber hinzu, dass der technische Fortschritt in einigen Jahren vielleicht entsprechende Geräte bereitstellen kann, die dies ermöglichen.

Wenngleich die Meinungen der Experten gesammelt eine Branchenabhängigkeit nahelegen, sind sie sich dennoch nicht einig. Eine Recherche in entsprechender Fachliteratur bestätigt diesen Zusammenhang allerdings.

Neben der Branche ergaben die Expertenbefragungen weitere Aspekte, die sich auf das Potential virtueller Messen auswirken können. Zwei Befragte geben an, dass die Erklärungsbedürftigkeit der Produkte eine zentrale Rolle spielt. Neue und sehr innovative Produkte rufen beim Kunden Skepsis hervor und Fragen zur Funktionsweise müssen geklärt werden. Eine hohe Komplexität und Erklärungsbedürftigkeit der Produkte beeinflussen den Erfolg einer virtuellen Messe daher negativ.

Ein weiterer angesprochener Aspekt ist der Generationenwechsel. Zwei Befragte führten an, dass durch die Tatsache, dass in 15 oder 20 Jahren viele entscheidende Positionen von Digital Natives besetzt sind, durchaus ein Einfluss auf die Verbreitung virtueller Messen möglich ist. Digital Natives bezeichnet Personen, die mit dem Internet aufgewachsen sind, speziell die Onlinekommunikation gehört gerade für Jugendliche heutzutage zum Alltag. Es ist daher vorstellbar, dass virtuelle Kommunikation in einigen Jahren auch im Businessbereich nicht mehr als anonym wahrgenommen wird, weil sie privat zur Normalität wurde. Auch wenn ein Experte diese Entwicklung für wahrscheinlich hält, glaubt er nicht an einen *grundlegenden* Wandel. Dennoch kann hier festgehalten werden, dass der Generationenwechsel und damit das Verstreichen der Zeit einen positiven Einfluss auf die Verbreitung virtueller Messen hat, auch wenn er wahrscheinlich nicht immens ist.

2.4 Technische Möglichkeiten – heute und künftig

Das Bestreben der Virtualität ist es, möglichst real zu wirken. Das wird erreicht durch entsprechende Soft- und Hardware, deren Herausforderung es ist, Onlinekommunikation zu emotionalisieren.

Es existieren bereits eine Reihe technischer Voraussetzungen, durch die virtuelle Messen **zum jetzigen Zeitpunkt** ermöglicht werden. Grundvoraussetzung ist lediglich ein Computer mit einer Internetverbindung, je nach Plattform wird oftmals nicht einmal spezielle Software benötigt, denn die Messe funktioniert browserbasiert.[5] Im Allgemeinen werden Funktionen im Bereich Informationsaustausch, wie Networking, Chat oder Video-Chat technisch heute bereits sehr gut unterstützt.

Immer verbreiteter sind Virtual Reality (im Folgenden: VR) Brillen, bei denen der Nutzer den Eindruck bekommt, sich in der digitalen Welt zu bewegen. Virtuelle Realität bezeichnet eine dreidimensionale Darstellungstechnik einer Computergrafik, die eine digital existente Umwelt interaktiv wahrnehmbar und erlebbar macht.[6] VR - Brillen ermöglichen eine 360°-Sicht dieser Umwelt und suggerieren,

5 Vgl. Ortmann (URL), S. 2.
6 Vgl. Waehlert (1997), S. 1.

dass man live dort ist. Eigene Bewegungen können gefilmt und in die virtuelle Welt übertragen werden, je nach Modell erfassen Sensoren auch die Blickrichtung. Anbieter sind beispielsweise Microsoft, Oculus VR (Facebook) oder HTC. *Project Beyond* von Samsung kann sogar 360°-Videos aufnehmen und direkt ins Internet streamen.

Virtuelle Prototypen werden bei der Produktentwicklung in vielen Unternehmen ohnehin entworfen, und könnten später als virtuelle Exponate verwendet werden.[7] Da sie traditionellen Exponaten in manchen Aspekten bereits überlegen sind, kann deren Nutzung auch auf klassischen Messen vorteilhaft sein, insbesondere wenn die Dimension eines Exponats die Fläche des Messestandes übertrifft. Die Darstellung des Produktes wäre bei einer virtuellen Messe damit nahezu identisch.

Bislang ist die Zielgruppe von VR die Gaming-Szene und über deren Nutzung in der Messebranche ist wenig bekannt. Technisch spielt es jedoch keine Rolle, ob eine Gaming-Umgebung oder eine Messehalle betreten wird. Und VR-Brillen werden auch **in Zukunft** laufend weiterentwickelt.

Ein anderer großer technologischer Fortschritt, der von beiden Experten aus dem technischen Bereich erwartet wird, ist der Einsatz von Hologrammen, die eine Projektion von Personen in den realen Raum ermöglichen. Die Telepräsenztechnik von Cisco arbeitet beispielsweise mit zwei spiegelverkehrt konzipierten Räumen, in dem die Wände aus Displays bestehen und Kameras die eigenen Bewegungen filmen. Durch die Bildschirme wirkt die Projektion real und es entsteht der Eindruck, man sitzt sich gegenüber. Vorstellbar für die Zukunft ist, Sprecher auf Kongressen per Hologramm in den Raum zu projizieren. Sollte diese Technik in vielen Jahren an jedem Arbeitsplatz möglich sein, könnten virtuelle Messen eine ganz andere Relevanz gewinnen.

Dagegen wird die Navigation in Innenräumen mithilfe von Smartphones sehr bald verfügbar sein - *ibeacon* von Apple ist ein Beispiel hierfür. Aber auch andere Entwicklungen lassen die Technologie voranschreiten, wie der *ControlVR Tracking-Anzug* zur Bewegungssteuerung in der Virtualität. Des Weiteren weisen Experten auf Messe-Apps hin, die personalisierte Werbung enthalten.

7 Vgl. AUMA (2007), S. 112. Diese Quelle bezieht sich auf den gesamten Absatz.

Wie es in fernerer Zukunft aussieht, lässt sich nur schwer vermuten. In einigen Gesprächen wird die fehlende Übermittlung von Haptik als großer Nachteil der virtuellen Messe genannt - aber auch in diesem Bereich wird geforscht. Prototypen von Handschuhen, die einen Händedruck virtuell übergeben oder Material virtuell erfühlen sollen, existieren bereits, stehen aber noch am Anfang.

Gegenwärtig haben die Technologien noch zahlreiche Probleme, auch Internetverbindungen sind in vielen Fällen noch nicht für entsprechende Datenmengen ausgelegt. Dennoch wird deutlich, dass der technologische Wandel eine große Herausforderung ist und Weiterentwicklungen in diesem Bereich virtuelle Messen sehr gut in deren Bestreben unterstützen können, Dinge real wirken zu lassen.

2.5 Weitere Entwicklungen in der Messebranche

An dieser Stelle sollen weitere Tendenzen in der Messebranche betrachtet werden, unabhängig von Entwicklungen die virtuelle und klassische Messe betreffend. Untersucht wird hierbei, ob diese Entwicklungen eine der beiden Typen begünstigen.

Unabhängig voneinander sprechen drei Experten den Rückgang kleinerer Messen an bei gleichzeitiger Fokussierung der Branche auf Leitmessen. Aus Kostengründen werden kleine Messen immer mehr auf den Prüfstand gestellt und lohnen sich oft aufgrund zu geringer Nachfrage nicht mehr. Große Messen dagegen bestehen fort und fusionieren möglicherweise untereinander mit ähnlichen Branchen. Die Hannover Messe beispielsweise besteht genau genommen ebenfalls aus verschiedenen Messen. Dieser Trend macht sich auch in anderen Ländern bemerkbar und lässt Kontinentalmessen entstehen, die für den jeweiligen Kontinent als Leitmesse fungieren. Ein Experte prophezeit jedoch, dass kleine Messeveranstaltungen doch Zukunft haben und weiterhin von regionalen Unternehmen besucht werden, möglicherweise gerade wegen der kurzen Anfahrtswege. Dennoch ist anzunehmen, dass lokale Messekonzepte nur in bestimmten Sektoren fortbestehen und kleinere Messen tendenziell zurückgehen. Einer der Experten betont allerdings, dass dies nicht mit der virtuellen Messe zusammenhängt sondern unabhängig davon geschieht.

Gerade weil es unabhängig geschieht, kann untersucht werden, ob diese Tendenz eine der beiden Typen begünstigt. Einerseits werden Unternehmen bei weniger Messeteilnahmen sicherlich nach Alternativen suchen, ob sie sich in diesem Fall für eine virtuelle Alternative entscheiden, bleibt jedoch offen. Die Fokussierung der Branche auf Leitmessen stärkt wiederum die großen Veranstaltungen in ihrer Position. Man kann daher vermuten, dass die Tendenz weg von kleinen Messen die virtuelle Messe minimal begünstigt, die Tendenz hin zu den Leitmessen jedoch einen sehr positiven Effekt auf die klassische Messe besitzt und dieser positive Effekt überwiegt.

Eine rein praktische Veränderung in der Messebranche sind die steigenden Kosten klassischer Messen, wie sie von einem Befragten wahrgenommen werden. Als wichtiger Kritikpunkt der physischen Veranstaltung kann sich dies natürlich positiv auf die virtuelle Messe auswirken. Als Ergebnis der Globalisierung wird aber wiederum die klassische Messe von der größeren Reisebereitschaft der Menschen begünstigt.

Einen Wandel den die Experten schon länger wahrnehmen, ist die Entstehung von neuen Formaten wie Kombinationen aus Messen und parallel stattfindenden Kongressen. Diese Entwicklung demonstriert, dass die klassische Messe Schwierigkeiten hat, in ihrer jetzigen Form fortzubestehen und neue, flexiblere Formate an Relevanz gewinnen.

Als generelle Entwicklung wird in den Interviews zudem der Besucherrückgang angesprochen. Damit wird in Verbindung gebracht, dass die Informationsfunktion der Messe abnimmt, möglicherweise als *Resultat* der neuen Technologien. Es zeigt eine Bereitschaft seitens der Besucher, auf virtuelle Alternativen umzusteigen, sofern deren Ziel, in diesem Fall der Informationsbedarf, dennoch erfüllt ist.

3 Schlussbetrachtungen

3.1 Diskussion

Um Messen kosten- und zeiteffizienter zu gestalten, wurden schon viele alternative Konzepte versucht. Ein Beispiel ist die Table-Top-Messe, wobei jeder Aussteller lediglich auf einem Tisch Prospekte platziert, anstatt Exponate mitzubringen. Solche einfache Ansätze zeigen einmal mehr, dass die klassische Messe Grenzen hat, die versucht werden mit alternativen Konzepten zu umgehen.

Die Gegenüberstellung der virtuellen mit der klassischen Messe zeigt, dass die wichtigsten Vorteile beider Messen jeweils die geringen Kosten und der persönliche Kontakt sind. Marketingbudgets werden immer knapper bei gleichzeitig zunehmender Konkurrenz durch die Globalisierung, was die Kosten jeder Maßnahme weiter ins Licht rückt. Die virtuelle Messe kann diese beträchtlich senken, kann aber gleichzeitig eine zentrale Funktion von Messen nur sehr begrenzt erfüllen. Bei der Frage an einen Experten, wo er die wichtigsten Punkte der Herausforderung sieht, spricht er auch genau diese beiden Aspekte an. Der Kostenfaktor und der persönliche Kontakt sind somit die zentralen Faktoren bei der Fragestellung, ob die virtuelle Messe die klassische Veranstaltung herausfordern kann.

Indirekt spielen viele weitere Faktoren eine Rolle, als relevant wurden die Branche und die Komplexität der Produkte erachtet, die Erklärungen zum Produkt notwendig macht. Demnach hat die virtuelle Messe in IT-affinen Branchen mehr Chancen, der klassischen Messe ihre Berechtigung zu nehmen. Diese Chancen steigen, wenn es gleichzeitig um ein leicht verständliches Produkt geht. Sie erhöhen sich abermals, wenn man weiter in die Zukunft blickt. Bessere Aussichten hat die virtuelle Messe zudem in einem mehr globalisierten Markt mit einer Gesellschaftsstruktur und Kultur die neuen Medien offen gegenübersteht.

Die Konzentration der Branche auf Leitmessen wirkt sich jedoch wiederum positiv auf die Position der klassischen Messe aus. Neue Konzepte wie Kongresse und Tagungen in Kombination machen aber deutlich, dass Handlungsbedarf besteht und die klassische Messe sie an ihren Defiziten arbeiten muss, um nicht zum Auslaufmodell zu werden.

Für Fachbesucher haben Messen dennoch vor allem eine Informations- und Kontaktfunktion, sie möchten Geschäftskontakte knüpfen und pflegen.[8] Während die virtuelle Messe die Informationsfunktion erfüllt, fehlt ihr hingegen der zweite zentrale Aspekt und sie kann die Ziele der klassischen Messe nicht erfüllen. Auch die Experten sehen die virtuelle Messe *nicht* als Herausforderung und begründen dies ebenfalls mit dem Kontaktfaktor als natürlichem Bedürfnis. Der Mensch ist ein soziales Wesen und braucht die persönliche Begegnung, welche Nähe schafft und Vertrauen aufbaut, was gerade bei großen Investitionen von hoher Bedeutung ist. Menschen im realen Raum zu treffen ist auch im digitalen Zeitalter wichtig und wird immer wertvoller, möglicherweise gerade weil es viele virtuelle Alternativen gibt. Im Fokus einer Messeteilnahme vor Ort steht heutzutage demnach weniger die Informationsbeschaffung, sondern vielmehr der direkte Austausch.

Ein Experte formuliert es sehr treffend und betont, dass abstrahiert werden muss und es letztlich um die Frage nach den Zielen geht, und wie diese am besten erreicht werden können. Manche Ziele sind möglicherweise virtuell besser zu erreichen, während andere sich nur vor Ort verwirklichen lassen. Eine Substitution der klassischen Messe durch ihr virtuelles Pendant ist daher in den kommenden Jahren ausgeschlossen.

3.2 Ergebnis

Weil sich die Formate aufgrund ihrer unterschiedlichen Zielsetzungen komplementär gegenüberstehen, wird die virtuelle Messe als *sinnvolle Ergänzung* gesehen, die als Begleitung zur klassischen Messe einen klaren Mehrwert bietet. Klassische Messen, die eine virtuelle Ergänzung haben, über die auch eine Teilnahme möglich ist, werden als *hybride Events* bezeichnet.[9] Das physische Event bleibt dabei bestehen und wird bereichert. Pre- und Postkommunikation zwischen dem Aussteller und dem Fachbesucher findet über digitale Medien statt und alle Informationen sind im Internet zugänglich. Die virtuellen Elemente sind integraler Bestandteil und unterstützen das klassische Konzept.

8 Vgl. AUMA (2013), S. 22.
9 Vgl. Leitinger (2013), S. 120.

Der Grundgedanke bei einer hybriden Messe ist, dass Dinge, die nicht vor Ort geschehen müssen, ins Virtuelle verlegt werden. Zeit und Kosten werden dadurch gespart und Prozesse optimiert, beispielsweise durch Online-Terminabsprachen oder dem Austausch von Informationsmaterialien vorab. Vor Ort kann dann stattdessen mehr Zeit zum persönlichen Austausch genutzt werden. Virtuelle Elemente machen die klassische Messe effizienter und die Begegnung im realen Raum wird wertvoller, weil sie entschlackt ist.

Die hybride Messe vereint als Mischform Vorteile beider Seiten in sich, was ihr Potential nur unterstreicht. Beispielsweise wird - wie bei einer virtuellen Messe - die gewollte Onlinepräsenz erreicht. Dennoch sind sowohl der persönliche Kontakt als auch die Live-Präsentation von Exponaten gewährleistet. Einige Vorteile lassen sich jedoch nur noch teilweise realisieren, wie beispielsweise das E-Tracking, das nur die Online-Aktivität dokumentiert. Gleichfalls können virtuelle Ergänzungen auch die Reichweite der klassischen Messe erhöhen. Eine Anreise ist zeitaufwendig und lohnt sich oft nicht, wenn der Besucher lediglich an Teilbereichen der Messe interessiert ist, eine Online-Teilnahme ist daher eine gute Alternative. Die virtuelle Ergänzung kann somit die physische Veranstaltung pushen.

Doch auch diese Mischform hat ihre Grenzen. Der Aufwand und die Kosten für die klassische Messebeteiligung sind dieselben, während die Implementierung der virtuellen Tools hinzukommt. Darüber hinaus müssen die neuen Angebote vom Markt *angenommen* werden.

Die IT-Branche schreitet jedoch mit großen Schritten voran, während niedrige Marketingbudgets eine Rechtfertigung für eine Messeteilnahme fordern.[10] Die Technologie ist Treiber und Schlüsselfaktor zugleich, je mehr sie ermöglicht und je weniger Ressourcen dafür benötigt werden, desto mehr kann eine klassische Veranstaltung von einer virtuellen Ergänzung profitieren. Außerdem werden Marktteilnehmer der Technologie gegenüber offener mit dem Fortschreiten der Zeit. Auch dass die Informationsfunktion der Messe bereits weitgehend vom Internet ersetzt wurde, legt nahe, dass die hybride Messe die Zukunft der Branche ist.

10 Vgl. Kürschner (2003), S. 747.

Weil hybride Messen auch von den Experten als zukünftige Veranstaltungen im Messewesen gesehen werden, müssen rein klassische Messen sich anpassen, um nicht auf der Strecke zu bleiben. Wenn virtuelle Elemente integriert werden, kann sich die klassische Messe diese zunutze machen und wird optimiert.

Die virtuelle Begegnung bleibt jedoch die *Vorstufe* des Aufeinandertreffens im realen Raum, das weiterhin unabdingbar bleibt. Höhere Kosten bei der erstmaligen Konzeption des virtuellen Teils werden sich relativieren durch eine höhere Effizienz durch die Kombination beider Typen von Messen. Der physische Teil erfüllt dabei die Kontaktfunktion, der virtuelle Teil primär die Werbe- und Kommunikationsfunktion. Die differenzierte Zielsetzung kann auch unter Marketinggesichtspunkten betrachtet werden. Anhand der AIDA-Formel wird es beispielsweise deutlich: „Attention" und „Interest" kann virtuell erzeugt werden, um zu den Schritten „Desire" und „Action" zu gelangen, muss dagegen eine reale Begegnung stattfinden.

Letztlich wird die hybride Messe der Branche auch erlauben, nachhaltiger zu wirtschaften. Dieser Faktor wurde zwar in den Gesprächen weniger erwähnt wie vielleicht erwartet, dennoch ist er ein wichtiger Aspekt, der wahrscheinlich zukünftig noch an Bedeutung gewinnt.

3.3 Einige Handlungsempfehlungen

Der Übergang zur Hybridität wird nicht abrupt passieren, sondern es ist ein Prozess, der längst begonnen hat. Die Herausforderung ist, ihn als solchen anzuerkennen und auf die neue Situation vorbereitet zu sein.

Um den Wandel strategisch zu nutzen und ihre Position auch langfristig zu sichern, müssen klassische Messeveranstalter sich auf ihre Kernkompetenzen fokussieren und die Qualitäten des Vor-Ort-Teils der Messe hervorheben. Sie müssen einen Mehrwert generieren, den die virtuelle Messe alleine nicht bieten kann. Ein Ansatz ist, die Messe auf die Kontaktfunktion auszurichten. Moderne Technik kann sie dabei beispielsweise durch Geräte zur Navigation im Innenraum unterstützen, womit dem Besucher mehr Zeit für den persönlichen Kontakt mit dem Aussteller bleibt.

Für Unternehmen gehören zu der neuen Situation die Bespielung neuer Kanäle und die Befassung mit Online-Maßnahmen, die zu einer klassischen Messe zusätzlich angeboten werden. Aussteller können, um langfristig Kosten zu sparen, beispielsweise auch auf Virtual Reality zurückgreifen anstatt große Exponate anzuliefern.

Ein großes Problem der virtuellen Messe ist gegenwärtig noch die verbreitete Skepsis und damit einhergehend die fehlende Akzeptanz. Um die Annahme virtueller Elemente zu verbessern, muss daher in jedem Fall ein Online-Konzept verwendet werden, das sowohl qualitativ als auch designtechnisch überzeugt. Virtuelle Konzepte müssen zudem einen deutlichen Mehrwert zu einfachen Websites bieten und leicht zu bedienen sein.

Es muss verstanden werden, dass es um Optimierung geht und nicht um Substitution. Die virtuelle Messe als *sinnvolle* Ergänzung eines klassischen Konzepts muss promotet und die Vorteile einer solchen Kombination aufgezeigt werden. Auch bei den Experteninterviews entstand der Eindruck, dass Befragte mit weniger Bezug zur virtuellen Messe dieser tendenziell negativer gegenüberstehen als andere. Das führt zur Vermutung, dass Unternehmen, die sich wenig damit auseinandersetzen, tendenziell ein schlechteres Bild der virtuellen Veranstaltung haben. Es muss daher über die Ziele einer virtuellen Messe aufgeklärt und Überzeugungsarbeit geleistet werden. Dies kann an verschiedenen Punkten ansetzen und geht im Idealfall auch von den klassischen Messeveranstaltern aus.

Leider nehmen gerade klassische Messeveranstalter die virtuelle Messe viel zu oft als Bedrohung wahr, anstatt ihr Potenzial als Ergänzung zu sehen. Damit sie sich für die virtuelle Ergänzung aussprechen, müssen sie zunächst selbst ihre Skepsis ablegen. In den meisten Fällen wird nur von einem Minimum an virtuellen Elementen Gebrauch gemacht, gerade so viel, wie der Markt fordert. Dieser Ansatz erinnert an die Pull-Strategie im Marketing, bei der die Konsumenten ein Produkt so lange nachfragen, bis der Händler es in sein Angebot aufnimmt.

Eine vorstellbare Strategie, wie virtuelle Messen als Ergänzung schneller an Akzeptanz gewinnen, ist daher eine Veränderung dieses Ansatzpunktes. Anstatt auf den „Pull“ des Marktes zu vertrauen, müssen klassische Messeveranstalter noch mehr virtuelle Elemente anbieten, wie der Markt vielleicht zum gegenwärtigen

Zeitpunkt von sich aus fordert und mehr den „Push"-Ansatz verfolgen. Damit können Marktteilnehmer besser verstehen, dass es um eine Optimierung geht.

Die virtuelle Messe alleine wird sich nicht durchsetzen können, wie festgestellt wurde. Wenn sich die Branche tatsächlich auf eine Substitution klassischer Messen durch virtuelle Alternativen hinbewegen würde, wären die Folgen bedeutend größer und auch Angebote, die Umwegrentabilität generieren, hätten große Einbußen. Diese Entwicklung wird jedoch von keinem Experten erwartet. Sollte es durch Hologramme aber eines Tages möglich sein, sich in virtuellen Räumen gegenüberzustehen und den Händedruck zu übergeben, kann dies die Situation wieder verändern, wie ein Experte direkt hinzufügt. Dies setzt aber ebenfalls voraus, dass die Technologien im großen Stil genutzt werden, was damit umso weiter in die Ferne rückt.

3.4 Ausblick

Hybride Messen sind die Konzepte der Zukunft. Wie ein Experte betont, wird es in zehn Jahren keine klassischen Messen ohne virtuelle Ergänzung mehr geben.

Virtuelle Elemente werden die Messebranche damit grundlegend verändern, allerdings nur als Zusatzangebot zu den herkömmlichen physischen Veranstaltungen. Die Herausforderung für die Branche besteht damit darin, dieser Tendenz zu folgen und hybrid zu werden, denn der technologische Fortschritt ist unaufhaltsam und die physische Messe wird bald in der Virtualität fortgeführt werden, während die virtuelle Messe zur Realität wird.

Literaturverzeichnis

AUMA (2013): Erfolgreiche Messebeteiligung. Teil 1: Grundlagen. Praxis. Berlin.

AUMA (2007): Messewirtschaft 2020. Zukunftsszenarien. Edition 26. Berlin.

Backhaus, Hagen und Zydorek, Christoph (1996): Multimedia und die virtuelle Messe: Substitut oder Ergänzung zur klassischen stationären Messe. Bergische Universität, Gesamthochschule, Fachbereich Wirtschaftswissenschaften Gesamthochschule Wuppertal: Wuppertal.

Geisser, Dr. Michael (2013): Virtuelles Event. In: Dinkel, Michael, Luppold, Stefan und Schröer, Carsten (Hrsg.): Handbuch Messe-, Kongress- und Eventmanagement. Verlag Wissenschaft & Praxis: Sternenfels. S.230-234.

Geigenmüller, Anja (2010): The role of virtual trade fairs in relationship value creation. In: Journal of Business & Industrial Marketing, Vol. 25 Iss 4. S. 284-292.

Kromer von Baerle, Ulrich (2003): Bedeutung des Internets als Kommunikations- und Vertriebsinstrument von Messen. In: Kirchgeorg, Manfred u. a. (Hrsg.): Handbuch Messemanagement. Planung, Durchführung und Kontrolle von Messen, Kongressen und Events. 1.Auflage. Gabler: Wiesbaden. S.803-816.

Kürschner, Silvana (2003): IT-gestützte Messeplanung. In: Kirchgeorg, Manfred u. a. (Hrsg.): Handbuch Messemanagement. Planung, Durchführung und Kontrolle von Messen, Kongressen und Events. 1.Auflage. Gabler: Wiesbaden. S.745-759.

Leitinger, Edgar (2013): Hybride Events. In: Dinkel, Michael, Luppold, Stefan und Schröer, Carsten (Hrsg.): Handbuch Messe-, Kongress- und Eventmanagement. Verlag Wissenschaft & Praxis: Sternenfels. S. 120-123.

Ortmann, Yvonne (URL): 3D-Welt fürs Business: Virtuelle Konferenzen statt Offline-Messen. In: t3n, dem Print und Onlinemagazin rund um IT-Themen. 18.10.2012. URL: www.t3n.de/news/3d-welt-furs-business-virtuelle-421085. Recherche: 23.6.2015.

Waehlert, Armin (1997): Einsatzpotentiale von Virtueller Realität im Marketing. Deutscher Universitätsverlag: Wiesbaden.

Gesprächsverzeichnis

Authenrieth, Bernd. Landesmesse Stuttgart GmbH, Stuttgart. Telefonisches Gespräch am 24. Juli 2015. Der Experte leitet den Bereich Unternehmensentwicklung der Messe Stuttgart. Außerdem ist er Mitglied im Fachbeirat des AUMA und hat an dessen Studien zu möglichen Zukunftsszenarien der Messebranche mitgearbeitet.

Blau, Marie-Luise. Fraunhofer-Institut für Arbeitswirtschaft und Organisation IAO, Stuttgart. Persönliches Gespräch am 20. August 2015 in Stuttgart. Frau Blau forscht, wie sich die Veranstaltungsbranche in Deutschland verhalten muss, um für künftige Herausforderungen vorbereitet zu sein. Der Fokus liegt auf technologischen Entwicklungen und Trends sowie deren Auswirkungen auf die Branche.

Geisser, Dr. Michael. ubivent GmbH, Mannheim. Persönliches Gespräch am 23. Juli 2015 in Mannheim. Herr Geisser ist Geschäftsführer und Mitgründer des Start-ups ubivent, das virtuelle Messen organisiert.

Lachaud Bandres, Nicolas. Nanolike SAS, Ramonville Saint-Agne, Frankreich. Telefonisches Gespräch am 16. Juli 2015. Der Befragte organisierte bereits viele klassische und virtuelle Messen und kennt beide Typen auch als Besucher. Er repräsentiert daher gleichzeitig das Ausland, die Besucherseite und als Digital Native auch eine andere Generation.

Luppold, Prof. Stefan. Institut für Messe-, Kongress-, und Eventmanagement, Kißlegg. Telefonisches Gespräch am 20. Juli 2015. Als Leiter des Studienganges „Messe-, Kongress- und Eventmanagement“ an der DHBW Ravensburg und Herausgeber vieler Publikationen in diesem Themenbereich besitzt er einen umfassenden Überblick über die Veranstaltungsbranche.

Tiesler, Daniel. Wirtgen Group, Windhagen. Telefonisches Gespräch am 30. Juli 2015. Herr Tiesler ist verantwortlich für Messen und Veranstaltungen im Marketing des Konzerns der Investitionsgüterbranche und organisiert regelmäßig Messeauftritte.

ONBOARDING BEI GROSSVERANSTALTUNGEN

BESONDERHEITEN DER INTEGRATION UND EINARBEITUNG NEUER MITARBEITER

Lisa Tatjana Fischer

Inhaltsverzeichnis

Abkürzungsverzeichnis

AIEST	-	Association International d'Experts Scientifiques du Tourisme
EXPO	-	Exposition Mondiale
FIFA	-	Fédération Internationale de Football Association

Abbildungsverzeichnis

1 Einleitung

Jährlich wechseln Millionen von Beschäftigten in Deutschland ihren Arbeitsplatz oder treten neu in das Berufsleben ein. Einer Studie der Gesellschaft für Konsumforschung zu Folge hegen 41% der in Deutschland Beschäftigten Pläne, sich aktiv um einen neuen Arbeitsplatz zu bemühen. Damit kann sich mehr als jeder Dritte einen Jobwechsel vorstellen.[1]

Der Eintritt in ein neues Beschäftigungsverhältnis ist dabei stets mit Unsicherheit, Chance und Risiko behaftet. Er ist gerade deshalb entscheidend, da sich in den ersten Wochen des neuen Arbeitsverhältnisses beweist, ob die gegenseitigen Erwartungen übereinstimmen und der Grundstein für die weitere Zusammenarbeit gelegt wird.

Personalentscheidungen zählen daher zu den zentralen Entscheidungen einer Organisation. Peter Drucker stellte bereits 1992 fest: „Unsere Mitarbeiter sind unser größtes Kapital".[2] Insbesondere bei der Auswahl und Rekrutierung neuer Mitarbeiter scheinen Arbeitgeber dies erkannt zu haben und scheuen keine Kosten für die Stellenbewerbung sowie die Durchführung aufwendiger Auswahlverfahren. Umso mehr überrascht es, dass im Anschluss daran das sog. Onboarding so wenig Beachtung findet und von nur wenigen Unternehmen systematisch aufgebaut wird.[3]

Onboarding bezeichnet die strategische Gestaltung der Anfangsphase einer neuen Beschäftigung und umfasst die gezielte Einarbeitung und Integration neuer Mitarbeiter. Der Erfolg des Onboardings entscheidet über den Zeitpunkt der Einarbeitung sowie die Entscheidung des Mitarbeiters für oder gegen den Verbleib im Unternehmen.

Gerade in Dienstleistungsbranchen wie dem Veranstaltungswesen besteht eine große Abhängigkeit der Produktqualität von den Mitarbeitern. Der Mitarbeiter

1 Vgl. Gesellschaft für Konsumforschung (2011), o.S.
2 Vgl. Peter Drucker (1992), o.S.
3 Aus der Onboarding-Studie des Beratungsunternehmens Aberdeen geht hervor, dass im Jahr 2005 60% der befragten Unternehmen noch kein systematisches Onboarding verfolgten. Vgl. Aberdeen Group (2006), S.1ff.

repräsentiert nicht nur das Produkt in Form der Veranstaltung, sondern auch Arbeitgeber und Veranstalter.

Veranstaltungen weisen aufgrund der spezifischen Organisationsstrukturen verbunden mit einem temporären Beschäftigungsanfall jedoch wesentliche Unterschiede zu der Einarbeitung in einem klassischen Business Umfeld bei länger- bzw. unbefristeten Stellen auf. Diese treten vor allem bei sog. Mega Events auf.

Das übergeordnete Ziel besteht in der Gestaltung eines Onboarding-Prozesses, der eine schnelle und wirksame Einarbeitung bei Großveranstaltungen unter Berücksichtigung der Bedürfnisse von Organisation, Mitarbeitern und Veranstaltung erlaubt.

Die Einarbeitungsphase von wenigen Wochen erfährt in Anbetracht der Tatsache, dass Großveranstaltungen zeitlich begrenzt und höchstens mehrere Monate andauern dahin gehend eine besondere Bedeutung, dass eine Vielzahl an Mitarbeitern zeitgleich unter einer sehr kurzen Einarbeitungszeit in den Arbeitsalltag eingeführt wird. Die Herausforderungen von Großveranstaltungen resultieren in erster Linie aus den Rahmenbedingungen und sind vertraglicher, personeller und organisatorischer Art.

2 Grundlagen des Onboardings neuer Mitarbeiter

2.1 Begriffsbestimmung

Der Begriff Onboarding leitet sich vom Englischen „to take someone on-board“ ab, was wörtlich übersetzt für das An-Bord-Nehmen eines neuen Mitarbeiters in die Organisation steht. In der Literatur findet sich hierzu keine einheitliche Definition. Nachfolgend findet sich ein Überblick zu Definitionen in der deutsch- und englischsprachigen Literatur.

Überblick der Definitionen von Onboarding

- „Onboarding is the process of acquiring, accommodating, assimilating and accelerating new team members.”[4]
- “Onboarding is the set of practices, policies and procedures to help structure newcomers’ early experiences and thus facilitate the socialization of new employees.”[5]
- “Onboarding is a process through which new employees move from being organizational outsiders to becoming organizational insiders.”[6]
- „Einarbeitungs- und Integrationsprozess, oder neudeutsch als „Onboarding“ bezeichnet.“[7]
- „Integration und Bindung des Mitarbeiters in das für ihn neue Unternehmen - das sogenannte „Onboarding“.“[8]
- „Der Onboarding-Prozess bezeichnet die ganzheitliche und strukturierte Integration des Mitarbeiters in alle technischen, fachlichen, organisatorischen, wirtschaftlichen, kulturellen und personellen Bereiche des Unternehmens.“[9]

4 Vgl. Bradt und Vonnegut (2009), S.3.
5 Vgl. Klein und Polin (2012) S.268.
6 Vgl. Bauer und Erdogan (2010), S.51.
7 Vgl. Benner (2014), S.1.
8 Vgl. Hiekel und Neymanns (2011), o.S.
9 Vgl. Buchheim und Weiner (2014), S.133.

Gemeinsam ist den vorausgehenden Definitionen, dass es sich bei Onboarding um einen dynamischen Prozess und nicht um ein Ereignis handelt. Dies attestieren Bradt und Vonnegut, die Onboarding als Prozess des Erwerbens, Anpassens, Integrierens und Beschleunigens neuer, externer oder interner Teammitglieder verstehen. Erfolgreiches Onboarding setzt ihnen zufolge die Anpassung der Organisation an die Bedürfnisse und Rolle des neuen Mitarbeiters voraus.[10]

Während der Begriff Onboarding häufig in englischsprachiger Literatur zu finden ist, fällt auf, dass dieser in der Deutschsprachigen kaum verwendet wird. Im deutschsprachigen Raum finden vorwiegend Bezeichnungen wie Einarbeitung, Einführung oder Integration Verwendung. Kolb setzt bspw. die Begriffe Onboarding, Mitarbeitereinführung und Inplacement gleich.[11] In Anbetracht der bereits erläuterten Definitionen wird deutlich, dass Onboarding die deutschen Bezeichnungen umfasst und einen ganzheitlichen Charakter aufweist. Für die vorliegende Arbeit werden daher die Begriffe Onboarding, Einarbeitung, Eingliederung, Einführung und Integration synonym verwendet. Als zentrale Definition des Onboardings liegt diesem Beitrag jene nach Benner zugrunde, welche Onboarding als Einarbeitungs- und Integrationsprozess bezeichnet.

2.2 Dauer

Eine in der Vergangenheit häufig zu findende Annahme, ist der Rückschluss von der Dauer des Onboarding-Prozesses auf die zeitliche Befristung einer Probezeit. Demnach fungierten der Schluss des Arbeitsvertrages sowie der darin vereinbarte Arbeitsbeginn als Ausgangspunkt von Rechten und Pflichten der Vertragspartner.[12] Folglich ergäbe sich ein Prozessbeginn bei Arbeitsantritt sowie Prozessende bei Ablauf der Probezeit.

Inzwischen herrscht allgemeine Übereinstimmung darüber, dass die Prozessdauer stets abweichen kann und von folgenden Faktoren abhängig ist:[13]

10 Vgl. Bradt und Vonnegut (2009), S.3.
11 Vgl. Kolb (2010), S.141.
12 Vgl. Detmers (2002), S.300ff.
13 Vgl. Detmers (2002), S.302f.; Becker (2004), S.515.

Organisationsbezogene Faktoren:

- Branche/ Struktur der Organisation
- Qualität der Onboarding-Maßnahmen

Funktionsbezogene Faktoren:

- Art und Komplexität der Aufgabe
- Arbeitsanforderungen an den Mitarbeiter

Personenbezogene Faktoren:

- Merkmale des neuen Mitarbeiters wie Alter, Erfahrung, Qualifikation
- Verhalten des neuen Mitarbeiters

Bereits während des Auswahlprozesses wird die Grundlage für Onboarding geschaffen. Der Beginn des Einarbeitungsprozesses mit der Auswahlphase erhöht den Erfolg des Onboardings durch den intensiven Abgleich von Anforderungen und Erwartungen. Kommuniziert die Organisation offen und klar die eigenen Erwartungen und zeigt ein realistisches Bild der Arbeitsbedingungen, erhöht dies die Glaubwürdigkeit und mindert später Enttäuschungen. Kennt und prüft die Organisation auch die Wünsche und Erwartungen der Bewerber können der Einarbeitungsbedarf eingeschätzt und entsprechende Qualifizierungsmaßnahmen entwickelt werden.[14] Der erste Arbeitstag erfährt dennoch ganz besondere Relevanz, da er den offiziellen Eintritt ins Unternehmen markiert. Den ersten Eindruck hinterlässt die Organisation bereits beim Kennenlernen. Damit löst bereits das Auswahlverfahren - im Falle einer tatsächlichen Anstellung - einen Onboarding-Prozess aus.[15]

14 Vgl. Benner (2014), S. 5f.; Kapitel 5.4.
15 Vgl. Aygen (2015), S.165f.

2.3 Beteiligte

Während die Forschung früher nahezu ausschließlich die durch den Arbeitgeber initiierten Maßnahmen als Steuerungsgröße im Onboarding-Prozess fokussierte, ist man heute der Auffassung, dass es sich um einen zweiseitigen, interaktionistischen Prozess zwischen Unternehmensvertretern und neuen Mitarbeitern handelt.[16]

Zu den direkten Beteiligten auf Seiten des Unternehmens zählen die Personalabteilung, die Einsatzabteilung samt Vorgesetztem[17], das bestehende Team, Kollegen sowie ggf. Paten oder Mentoren.[18] Die Unternehmensvertreter nehmen überwiegend gestaltende Funktionen ein. Sie entscheiden nicht nur, *welcher* Bewerber zum neuen Mitarbeiter wird, sondern auch *wie* dieser ins Unternehmen integriert wird. Während die Personalabteilung und der Vorgesetzte vor allem die Personalauswahl treffen und die fachliche Einarbeitung initiieren, wirkt die Rolle von Team und Kollegen stark auf den Erfolg der sozialen Integration.[19]

Die neuen Mitarbeiter, welche im Zentrum des Prozesses stehen, nehmen eine nicht weniger gestaltende Rolle als die Unternehmensvertreter ein. Aufgrund der mit dem Unternehmenseintritt verbundenen Unsicherheit und Orientierungslosigkeit sind sie stets auf der Suche nach tätigkeits- und organisationsbezogenen Informationen, die ihnen helfen Tätigkeitsinhalte, Leistungsanforderungen und Verhaltenserwartungen besser kennenzulernen. Sie bauen Beziehungen auf und passen ihr Verhalten an Erwartungen an. Währenddessen versucht das Unternehmen, den Mitarbeiter seinen Vorstellungen entsprechend zu formen.[20]

Neben den beiden Protagonisten gibt es auch indirekte Beteiligte im Onboarding-Prozess. Hierunter fallen Stakeholder[21] aller Art, wie bspw. die Geschäftsführung, der Betriebsrat, Kunden sowie externe Berater.[22]

16 Vgl. Lohaus und Habermann (2015), S.11.
17 Vgl. Kolb (2010), S.106f.
18 Vgl. Engelhardt (2006), S.57f.; Klein und Polin (2012), S.276.
19 Vgl. Rischar und Brendt (1994), S.33f.; Becker (2004), S.515.
20 Vgl. Lohaus und Habermann (2015), S.14.
21 Vgl. Bradt und Vonnegut (2009), S.12.
22 Vgl. Kolb (2010), S.106f.

2.4 Ebenen

Die Einarbeitung und Integration neuer Mitarbeiter vollzieht sich auf drei Ebenen: fachlich, sozial sowie werte- und umgebungsorientiert.

Fachliche Integration

Die fachliche Integration bezieht sich auf den funktionalen Qualifizierungsprozess. Gemeint ist eine tätigkeitsbezogene Einarbeitung, um die zugewiesene Arbeitsaufgabe schnellstmöglich zu beherrschen und erfolgreich zu erfüllen.[23] Die fachliche Integration umfasst den Erwerb von Kenntnissen über Unternehmen, Abläufe, Organisationsstruktur und das jeweilige Arbeitsgebiet. Es geht um die Aneignung von Faktenwissen, Fähigkeiten und Kenntnissen im Sinne der Unternehmensziele sowie gemäß den Erfordernissen der jeweiligen Stelle.[24] Einen Großteil der geforderten Kenntnisse hat der neue Mitarbeiter vor dem Eintritt in das Unternehmen erworben. Was noch zu lernen ist, d.h. der fachliche Einarbeitungsbedarf, ergibt sich im Optimalfall aus den Untersuchungen während der Personalauswahl.[25] Die fachliche Eignung setzt sich zusammen aus dem spezifischen Wissen, der Erfahrung und den allgemeinen Kompetenzen, wie bspw. Organisationsstärke und Belastbarkeit.[26] Im Gegensatz zu den beiden weiteren Ebenen, welche vor allem Soft Skills wie Persönlichkeit und kulturelle Passung avancieren, umfasst die fachliche Integration den Ausbau der Hard Skills.[27]

Soziale Integration

Die soziale Integration bezieht sich auf die individuelle, soziale Eingliederung in die Organisation sowie das Team aus Kollegen und Vorgesetzten. Das Ziel liegt in einer raschen Akzeptanz durch das Team sowie der Annahme von unternehmenstypischen Verhaltensweisen.[28] Der neue Mitarbeiter soll sich wohlfühlen und an das Unternehmen gebunden werden. Soziale Integration umfasst

23 Vgl. Becker (2004), S.514f.
24 Vgl. Benner (2014), S.7.
25 Vgl. Nerdinger (2011a), S.73.
26 Vgl. Buchheim und Weiner (2014), S.95ff.
27 Vgl. Kolb (2008), S.483f.
28 Vgl. Becker (2004), S.515.

den Aufbau von Beziehungen sowie die Entwicklung eines „Wir-Gefühls".[29] Entscheidende Einflussfaktoren auf eine gelungene Integration sind unter anderem Persönlichkeitsmerkmale, Aspekte der Gruppendynamik, Ähnlichkeit der Interessen sowie durch die Struktur der Organisation festgelegte Beziehungen.[30]

Werte- und umgebungsorientierte Integration

Die werte- und umgebungsorientierte Integration bezieht sich auf die Adaption und Identifikation mit Zielen, Strategie, Werten und Umgebung des Unternehmens. Unternehmenskultur und Selbstverständnis sollen an den Mitarbeiter vermittelt werden. Eine erfolgreiche Integration auf dieser Ebene zeichnet sich durch die vollständige Orientierung sowie der Internalisierung der Werte aus.

Ein erfolgreicher Onboarding-Prozess vollstreckt sich immer auf allen drei Ebenen. Schwerpunkte können und müssen in Abhängigkeit der individuellen Voraussetzungen der Mitarbeiter gewählt werden.[31] Diese Voraussetzungen wurden bereits vor Eintritt in das Unternehmen geformt. Ist eine Tätigkeit eng mit der Zusammenarbeit mit Kollegen verbunden, so nimmt die Bedeutung der sozialen Integration zu. Bei einer Spezialisten-Tätigkeit steht hingegen vor allem die fachliche Integration im Vordergrund. Die werte- und umgebungsorientierte Integration wird teilweise in der Literatur der sozialen Integration zugeschrieben. Ihr sollte besondere Bedeutung bei einem Einsatz in wertegeprägten Institutionen, wie politischen oder religiösen Einrichtungen sowie bei der Konfrontation mit einer völlig neuen Umgebung beikommen.

29 Vgl. Benner (2014), S.7f.
30 Vgl. Nerdinger (2011a), S.73f.
31 Vgl. Benner (2014), S.8.

3 Besonderheiten des Onboardings bei Großveranstaltungen

3.1 Begriffsbestimmung

Für die größten und bedeutendsten Events werden gegenwärtig in der Literatur verschiedene Begriffe verwendet wie Major Event, Hallmark Event, Special Event oder Mega Event.

Eine der am meisten beachteten Definitionen eines Mega Events stammt von dem Soziologen Roche (2000): „Mega Events are largescale cultural (including commercial and sporting) events which have a dramatic character, mass popular appeal and international significance".[32]

In der deutschsprachigen Wissenschaft findet die Definition nach Weiß (2008) große Bedeutung, der Mega Events als „einmaliges oder regelmäßig wiederkehrendes, temporär inszeniertes Ereignis, das aufgrund seiner Einzigartigkeit eine global bedeutende mediale Aufmerksamkeit und eine hohe Anziehungskraft für Besucher weltweit [aufweist]"[33] beschreibt.

Den beiden vorausgehenden Definitionen zufolge weisen Mega Events folgende Merkmale auf:

- Teilnahme einer Vielzahl von multinationalen Menschen
- Zeitliche Begrenzung
- Langfristige Planung
- Einzigartigkeit
- Hohe mediale Aufmerksamkeit
- Internationale Relevanz
- Tiefgreifende Auswirkungen

32 Vgl. Roche (2000), S.1f.
33 Vgl. Weiß (2008), S.16.; Kirchgeorg et al. (2009), S.157.

Auf eine genaue Angabe der Höhe des Besucheraufkommens, der Dauer sowie der Eigenschaften von Großveranstaltungen wird verzichtet.[34] Dies erschwert die Abgrenzung zu kleineren Events.

Die Association International d'Experts Scientifiques du Tourisme (kurz: AIEST) setzt dagegen konkrete größenbezogene und psychologische Kriterien an die Bezeichnung Mega Event. Demnach handelt es sich um ein Mega Event, wenn dieses mindestens eine Millionen Besucher anzieht, ein Budget von mindestens 500 Millionen US-Dollar aufweist und von besonderer Prestige ("must-see") ist.[35]

3.2 Typologisierung

Je größer ein Event, desto internationaler ist das Einzugsgebiet der potenziellen Besucherzielgruppen und desto höher ist der Grad der Internationalität des Medieninteresses und der Medienwirkung.[36]

In der Folge ist die Medienwirkung ein Indikator für die Bedeutung einer Veranstaltung. Damit begründet Roche die Kriterien Besucherzielgruppen und Medienwirkung als abgrenzende Merkmale für Mega Events gegenüber Hallmark Events, Special Events und Community Events, welche er wie folgt bestimmt:[37]

34 Vgl. Getz (1997), S.4.
35 Vgl. Marris (1987), S.3ff.
36 Vgl. Weiß (2008), S.37ff.
37 Vgl. Roche (2001), o.S.

Art des Events	Besucherzielgruppen	Beispiele	Medienwirkung
MEGA-EVENT	• Global	• Weltausstellungen • Olympische Spiele • Weltmeisterschaften	• Global (TV, Rundfunk, Presse etc.)
SPECIAL EVENT	• Einzelne Weltregionen/ international	• Formel I • Tour de France • Asian Games • Intern. Leitmessen	• International und national (TV, Rundfunk, Presse)
HALLMARK EVENT	• National/überregional	• Bundesgartenschau • Deutsches Turnfest • Kirchentag • Überregionale Messen	• National (TV, Rundfunk, Presse etc.) • Regional (TV, Rundfunk, Presse)
COMUNITY EVENT	• Regional • Lokal	• Landesgartenschau • Regionale Messen • Stadtfeste	• Regional (TV, Rundfunk, Presse) • Lokaler Rundfunk, Presse

Abbildung 1: Arten und Dimensionen von Events
Quelle: Weiß (2008), S.38. nach Roche (2001), S.2.

Roche quantifiziert die Ausprägung der Kriterien nicht, sondern legt nur grob definierte Kategorien fest. Mega Events weisen demnach die höchste Ausprägung im Sinne globaler Zielgruppen und globaler Medienwirkung auf.

Dabei sind öffentliche und private Großveranstaltungen zu unterscheiden. Diese erfordern in der Regel jedoch derart hohe infrastrukturelle Investitionen, sodass kaum ein Mega Event ohne die Involvierung des Staates stattfinden kann.[38] Inhaltlich lassen sich Mega Events in die sieben Bereiche Kultur, Kunst und Entertainment, Wirtschaft und Handel, Sport, Wissenschaft und Ausbildung, Freizeit sowie Politik unterteilen.[39] In der Kategorie Sport zählen die Olympischen Spiele sowie die FIFA Fußball Weltmeisterschaften zu den bedeutendsten Mega Events, in der Kategorie Kultur sind es die Weltausstellungen (auch: Expo).[40] Bei diesen dreien handelt es sich um drei der größten gegenwärtigen Mega Events.[41]

38 Vgl. Weiß, (2008), S.7.
39 Vgl. Getz (1997), S.6f.
40 Vgl. Kirchgeorg et al. (2009), S.155.
41 Vgl. Weiß (2008), S.41f.

3.3 Besondere Rahmenbedingungen

Grundsätzlich wird für die Organisation und Durchführung einer komplexen Großveranstaltung eine große Anzahl an Personal für die vielen unterschiedlichen Aufgaben benötigt. Je nach Aufgabengebiet handelt es sich um qualifiziertes Personal oder Hilfspersonal. Zu unterscheiden sind unter anderem das Management, das Personal für Catering, Sicherheit, Hospitality, technischen Support und Programm.[42]

3.3.1 Temporalität

Der temporäre Charakter einer Veranstaltung hat einen beachtlichen Einfluss auf die personalpolitischen Herausforderungen. So lassen sich kurze Einsatzzeiten, hoher Mitarbeiterwechsel, befristete Vertragsverhältnisse sowie ein hoher Anteil an geringfügig Beschäftigten durch die zeitliche Beschränkung der Veranstaltung erklären.[43]

Unternehmen fokussieren mit einem erfolgreichen Onboarding die Bindung eines Mitarbeiters über Monate und Jahre hinweg und geben ihren neuen Mitarbeitern entsprechende Zeit sich zu integrieren. Bei Events sollte das Personal mit Veranstaltungsbeginn eingearbeitet sein, was den Onboarding-Prozess in zeitlicher Hinsicht nach vorne verlagert und insgesamt verkürzt.[44]

Aufgrund der temporären Existenz der Organisationsstrukturen gibt es kein bzw. nur ein sehr kleines bestehendes Team, in Form des Planungsteams, in das die Neuankömmlinge integriert werden. Durch den zeitgleichen Arbeitsein- und -Austritt werden starke gruppendynamische Prozesse aktiviert, sodass der Teamentwicklung eine besondere Bedeutung zukommt. Es geht nicht um die Einarbeitung eines Einzelnen, sondern um die einer ganzen Gruppe.

Die zeitliche Beschränkung einer Veranstaltung wirkt sich auch auf die Mitarbeiterrekrutierung aus. So liegt der Schluss nahe, dass qualifizierte potentielle Mitarbeiter in festen Positionen von einer Bewerbung absehen aufgrund der vertraglichen Befristung. In der Folge dieser Annahmen setzt sich das Veranstaltungspersonal häufig aus Berufsanfängern oder Mitarbeitern mit geringer

42 Vgl. Holzbaur et al. (2010), S.120f.
43 Vgl. Kästle (2012), S.205ff.
44 Vgl. Van der Wagen und White (2015), S.11f.

beruflicher Vorerfahrung zusammen. Der Vorteil darin liegt in der hohen Belastbarkeit sowie den niedrigeren Erwartungen.[45]

Auch in vertraglicher Hinsicht spielt die Befristung des Arbeitsverhältnisses eine Rolle. So mindern sich Probezeit und Kündigungsfristen in Abhängigkeit der Einsatzdauer, was zu Planungsunsicherheiten führt.[46] Steigt die Anzahl der Mitarbeiter mit Veranstaltungsbeginn rasant an, endet deren Einsatz meist mit Veranstaltungsende. Bowdin betont daher, dass Outplacement, Kündigung und Wiedereinstellung wichtige Elemente des Personalmanagements bei Events sind.[47]

Damit wirkt sich die Temporalität von Großveranstaltungen dahin gehend auf den Onboarding-Prozess aus, dass er in seiner Dauer verkürzt wird und die Anzahl der eingearbeiteten Mitarbeiter stark erhöht ist. In der Folge ergibt sich hieraus eine besondere Herausforderung der sozialen Integration, da es nahezu kein bestehendes Team gibt, sondern dieses erst gebildet werden muss. Auf der anderen Seite sind befristete Arbeitsverhältnisse oftmals für junge Mitarbeiter mit geringerer Arbeitserfahrung attraktiv, sodass die fachliche Einarbeitung zwar wichtig ist, allerdings aufgrund der geringeren Anforderungen nicht ausschlaggebend.

3.3.2 Einzigartigkeit

Die Erst- und Einmaligkeit der Durchführung einer Veranstaltung ist in vielerlei Hinsicht vergleichbar zu der Situation eines Start-ups. Es gibt keine Vergangenheits- oder Erfahrungswerte auf denen man aufbauen kann.[48] Jedes Mega Event ist ein Novum. Ziele, Prozesse und Strukturen müssen erst definiert und geregelt werden. Gerade bei Mega Events werden häufig spezielle Durchführungsgesellschaften gegründet, welche es in dieser Form vorher noch nicht gegeben hat. Selbst wenn eine regelmäßig stattfindende Großveranstaltung wie die Olympischen Spiele organisiert wird, ist diese jedes Mal einzigartig. Eine neue geografische, rechtliche und personelle Umgebung durch den stetigen Wechsel der Austragungsstadt begründen dies. Weiß spricht in diesem Kontext auch von Wissenslücken bedingt durch die Einzigartigkeit, die es zu schließen gilt.[49]

45 Vgl. Hitzler et al. (2013), S.39f.
46 Vgl. Kästle (2012), S.205.
47 Vgl. Bowdin et al. (2011), S.324f.
48 Vgl. Hitzler et al. (2013), S.40.; Weiß (2008), S.9.
49 Vgl. Weiß (2008), S.10.

Der Onboarding-Prozess muss in der Folge jedes Mal erneut auf die spezifische Veranstaltungssituation, die Mitarbeiter, das jeweilige Land sowie die Location angepasst werden.

3.3.3 Beteiligte

Im Gegensatz zu den klassischen Akteuren des Onboardings (Vgl. Kapitel 2.2.2) handelt es sich bei Großveranstaltungen um eine sehr geringe Zahl an Event Managern, dem Planungsteam, und einer sehr großen Anzahl an sog. Volunteers, freiwillige, ehrenamtliche Helfer, sowie freien und/oder befristeten Mitarbeitern.[50] Deren Einsatz kann von wenigen Stunden bis zu mehreren Monaten andauern.[51] Event Manager sind häufig keine HR-Spezialisten, weshalb deren Sensibilisierung für die Einarbeitung neuer Mitarbeiter eine besondere Herausforderung darstellt.

Damit zählen neben einer sehr großen Anzahl an Mitarbeitern, freiwillige und bezahlte, sowie dem Arbeitgeber in Form des Veranstalters, das Veranstaltungskomitee, Fremdfirmen, Dienstleister, der Eigentümer der Veranstaltungsstätte sowie deren Personal zu den erweiterten Akteuren im Onboarding.[52]

Im Gegensatz zum Eintritt in ein klassisches Unternehmen sollen sich die Mitarbeiter nicht zwingend mit der Unternehmenskultur und den Werten des Arbeitgebers, sondern mit jener der Veranstaltung bzw. des Rechteinhabers selbst identifizieren. Der einzelne Mitarbeiter wird Teil des gesamten Ereignisses, repräsentiert das Event und weniger seinen direkten Arbeitgeber.[53]

3.3.4 Unvollständige Struktur

Neue Mitarbeiter treffen bei Arbeitsantritt einer Veranstaltung nicht auf etablierte Strukturen und gefestigte Abläufe. Ganz gegenteilig ist die Veranstaltungslocation in der Regel erst kurz vor Eröffnung fertiggestellt und für das Personal zugänglich. Damit lernen die Mitarbeiter die Location erst kurz vor Veranstaltungsbeginn kennen, und müssen sich binnen kürzester Zeit Orientierung

50 Für die Olympischen Spiele 2016 in Rio de Janeiro werden rund 70.000 Freiwillige rekrutiert. Vgl. Alves (2004), o.S.
51 Vgl. Van der Wagen und White (2015), S.13.
52 Vgl. Van der Wagen und White (2015), S.15.
53 Vgl. Van der Wagen und White (2015), S.190f.

verschaffen. Diese Umstände erschweren eine Vorbereitung des Arbeitseinsatzes und damit auch das Onboarding. Das Arbeitsumfeld ist neu und unfertig. Kommunikationswege und Verhaltensweisen müssen sich erst noch fügen, was häufig die Übernahme flexibler Arbeitsaufgaben mit sich bringt. Das heißt, ein Mitarbeiter nimmt häufig Aufgaben wahr, die über seine Tätigkeitsbeschreibung hinausgehen. Da Veranstaltungen stets von Unsicherheit gekennzeichnet sind, wirkt sich das auch auf das Arbeitsleben und die Arbeitsatmosphäre aus. Dieses wird dominiert von Extremzuständen, wie Menschenmassen, die sich ihren Weg über das Veranstaltungsareal bahnen, Unwetter und Terrorwarnungen.[54] Die Komplexität und Einzigartigkeit der Veranstaltung drückt sich auch im Arbeitsablauf aus. So wechselt meist täglich das Programm oder der Ablauf, sodass Routinen und Arbeitsalltag erschwert werden.[55] Diese unvollständigen Strukturen finden sich auch in der Zusammenarbeit, der Unternehmenskultur und -strategie wieder. Abläufe müssen sich erst einspielen, eine intensive Vorbereitung und Planung sind an dieser Stelle essentiell. Diese Unvollständigkeit birgt jedoch auch Chancen. So werden starke gruppendynamische Prozesse freigesetzt. Die Motivation und das Engagement der Mitarbeiter für das Projekt sind meist hoch und es herrscht eine große Verbundenheit zum Projekt. Eine Veranstaltung bedeutet immer auch ein Erlebnis - unvollständige Strukturen bringen damit auch die Möglichkeit mit sich, selbst gestalterisch tätig zu werden.[56]

3.3.5 Internationalität

Globale Anspruchsgruppen, Medienresonanz und Organisationsstrukturen von Mega Events wirken sich auf das Personalmanagement in Form von internationalen Teams aus. Bei einer Weltausstellung nehmen weit mehr als 100 Nationen teil. Die unterschiedlichsten Sprachen und Kulturen treffen hier aufeinander. Das gilt auch für das Personal. Multikulturelle Teams bergen Risiken, wie Kommunikations- und Sprachbarrieren, die Bildung von Vorurteilen und Fehlinterpretationen. Diese sollten durch interkulturelles Training und Teamentwicklung

54 Vgl. Weiß (2008), S.9.
55 Vgl. Weiß (2008), S.11.
56 Vgl. Van der Wagen und White (2015), S.193ff.

verhindert werden.[57] Gleichzeitig ergeben sich Chancen: So werden bspw. internationale Besuchergruppen besser betreut, da Sprache, Mentalität und Kultur verstanden werden. Das gesamte Team birgt ein hohes Kreativitäts- und Leistungspotential, wenn die Teambildung gelingt. Die Integration multikultureller Teams dauert aufgrund deren Heterogenität insgesamt meist länger.[58]

Nicht nur die Mitarbeiterzusammensetzung von Großveranstaltungen zeichnet sich durch einen hohen Grad an Internationalität aus. Der häufige Wechsel des Austragungsortes führt auch zu einem geänderten Rechtsraum. Dieser unterscheidet sich von Land zu Land und stellt jeweils neue Herausforderungen, gerade für das Personalmanagement, dar. Arbeitsbedingungen, Arbeitszeitgesetze, Versicherungs-, Sicherheits- und Vergütungsvorschriften sind nur einige Beispiele für national sehr unterschiedlich definierte Gesetze und Regularien. Sie haben jedoch immer verpflichtenden Charakter, sodass deren Nichteinhaltung geahndet wird und den Erfolg einer Veranstaltung gefährden kann.[59] Die Einarbeitungsphase wird dahin gehend tangiert, dass gesetzlich vorgeschriebene Einweisungen inhaltlich integriert werden müssen.

3.3.6 Arbeitszeit

Die Veranstaltungszeit ist eine sehr intensive Arbeitsphase für die Mitarbeiter. Mit Veranstaltungsbeginn geht das Arbeitszeitmodell meist in den Schichtdienst über, bedingt durch die langen Öffnungszeiten. Extensive Arbeitszeiten, Überstunden und wechselnde Arbeitsanforderungen erschweren die Arbeit für die Mitarbeiter, aber auch die Einsatzplanung für die Eventorganisation. Schichtpläne müssen geschrieben und angepasst werden.[60] Für das Onboarding bedeutet das einerseits, dass es erschwert wird, alle Mitarbeiter gleichzeitig und systematisch einzuarbeiten, da die einzelnen Schichten sich kaum überschneiden. Andererseits wird die Dauer des Onboardings verlängert, da die Aufgaben sich mit jeder Schicht ändern. Bis ein Mitarbeiter alle Schichten miterlebt hat und die Aufgaben beherrscht, vergeht folglich mehr Zeit.

57 Vgl. Keup (2010), S.178.
58 Vgl. Keup (2010), S.178.
59 Vgl. Van der Wagen und White (2015), S.91ff.
60 Vgl. Hitzler et al. (2013), S.39.

Die besonderen Arbeitszeiten wirken sich auch auf das Privatleben aus. Die jeweiligen Kollegen aus derselben Schicht haben den gleichen Tagesablauf, der gänzlich abweicht von Mitarbeitern aus Industrie- oder Dienstleistungsunternehmen. Der Begriff Work-Life-Blending bezeichnet die Verschmelzung von Arbeits- und Privatleben.[61] Für viele Mitarbeiter stellt der Arbeitseinsatz während einer Großveranstaltung auch einen temporären Umzug dar. Arbeitszeiten sind nicht mit der täglichen Anfahrt vereinbar, andere kommen sogar aus einem anderen Land. In der neuen Umgebung müssen sich die neuen Mitarbeiter zunächst orientieren. Die Arbeitsbedingungen bei Großveranstaltungen haben folglich einen großen Einfluss auf das Privatleben der Mitarbeiter.

61 Vgl. Pons GmbH (2015), o.S.

4 Gestaltungsmöglichkeiten für den Onboarding-Prozess bei Großveranstaltungen

Nachfolgend werden unter Berücksichtigung der spezifischen Besonderheiten von Großveranstaltungen systematische Maßnahmen für das Onboarding neuer Mitarbeiter vor, bei und nach Arbeitsantritt beschrieben.

4.1 Maßnahmen vor Arbeitsbeginn

Realistische Rekrutierung

Ausgehend von dem beschriebenen Beginn des Onboarding-Prozesses sollten mit dem ersten Kennenlernen bereits Integrationsmaßnahmen einhergehen. Dieses findet häufig in Form eines Assessment Centers statt, welche in erster Linie der Prüfung der Bewerbereignung dienen. Bezogen auf das Onboarding dienen sie jedoch vor allem einem intensiven Erwartungsabgleich und der Verhinderung unzutreffender Erwartungen, um später einen Realitätsschock und Enttäuschungen zu vermeiden. Letztere stellen einen Hauptgrund für die Fluktuation bei Großveranstaltungen dar. Ziel der realistischen Rekrutierung bzw. des „realistic job previews" ist es, durch die Darstellung der realen, tatsächlichen Umstände, überzogene Erwartungsbilder zu vermeiden.[62]

Probearbeitstage sind hierfür ein beliebtes Instrument, welches jedoch aufgrund der unvollständigen Strukturen, wie dem noch nicht abgeschlossenen Aufbau, bei Mega Events vorab nicht durchführbar ist. Stattdessen sollten tätigkeitbezogene Aufgaben in das Assessment Center durch Rollen- und Fallbeispiele integriert werden.

Die Herausforderung besteht darin, auch vermeintlich negative Aspekte in einem ausgewogenen Verhältnis zu präsentieren, um Bewerber nicht abzuschrecken.

Die Einbindung eines Insidergesprächs wäre daher besonders wirkungsvoll. Jemand, der dieselbe oder eine ähnliche Veranstaltung bereits schon einmal erlebt hat, kann glaubwürdig und authentisch über die tatsächlichen

62 Vgl. Wanous und Fan (2008), S.1391f.

Verhältnisse berichten. Durch die möglichen Rückfragen der Bewerber werden die Informationswünsche beider Seiten berücksichtigt.

Mitarbeiterkommunikation

Die Phase zwischen dem Entstehen des Arbeitsverhältnisses und dem letztlichen Arbeitsantritt trägt maßgeblich der Vertrauensbildung beider Parteien bei. Insbesondere für die Mitarbeiter ist dieser Zeitraum durch Unsicherheit geprägt, weshalb der Arbeitgeber Interesse und Fürsorge signalisieren sollte, damit der Mitarbeiter sich willkommen fühlt und erste Orientierung erhält.[63] Eine zielgerichtete Vorab-Kommunikation dient der Informationsversorgung, der Miteinbeziehung sowie der Vorbereitung der Mitarbeiter auf den Arbeitseinsatz.

Ausgehend von der Zusage für den Arbeitseinsatz ist ein permanenter Informationsfluss zu gewährleisten. Neben der persönlichen Zusage per Telefon sollte auch eine rituelle Aufnahme in die neue Organisation erfolgen- bspw. durch ein Aufnahmegeschenk, welches sich thematisch dem Event einfügt und den symbolischen Eintritt in das Arbeitsverhältnis markiert.

Mit Näherrücken des Arbeitsbeginns sollte der Kontakt intensiviert werden. Es geht an dieser Stelle weniger um den Dialog mit dem Mitarbeiter, als ihn wissen zu lassen, dass man ihn miteinbezieht. So sollte regelmäßig mitgeteilt werden, wie groß der Anteil des bestehenden Teams bereits ist und wieviel Prozent noch fehlen.

Die folgenden Monate dienen nunmehr nicht mehr nur der Information, sondern der intensiven Vorbereitung des Arbeitsverhältnisses. Durch Statusberichte sowie ersten Impressionen des Aufbaus erfährt der Mitarbeiter bereits früh eine erste Konfrontation mit dem neuen Arbeitsumfeld. Gleiches gilt für die Unterkünfte. Für viele Mitarbeiter ist der Arbeitseinsatz mit einem temporären Um- und Auszug von zu Hause verbunden, gerade für die jüngeren Mitarbeiter häufig erstmalig. Um Überforderung zu vermeiden, empfiehlt sich die Bereitstellung von Packlisten sowie einer Beschreibung der Appartementausstattung.

63 Vgl. Lohaus und Habermann (2015), S.127f.

Wenige Wochen vor der Ankunft am Einsatzort sollte die Zustellung der Anreiseinformation erfolgen. Dies ist ebenfalls von symbolischem Charakter, da das Ticket als Eintrittskarte in einen neuen (Arbeits-)Abschnitt fungiert.

Interne Vorbereitung

Die interne Vorbereitung des Projektteams ist durch eine Vielzahl an Formalien gekennzeichnet. Sie konzentriert sich vor allem auf die rechtlichen Aspekte des Arbeitsverhältnisses, soll jedoch aus Gründen der Vollständigkeit hier ebenfalls genannt werden.

Von wesentlicher Bedeutung ist die detaillierte Konzeption weiterer Onboarding-Maßnahmen, bei und nach Arbeitseintritt. In der Praxis haben sich hierfür Checklisten für eine einheitliche und systematisierte Einarbeitung bewährt. Darüber hinaus verschaffen diese den Personalverantwortlichen eine Übersicht des Status quo.

Auch die Vorbereitung von Handbüchern und Schulungsinhalten gehören der internen Vorbereitung zu.

4.2 Maßnahmen bei Arbeitsbeginn

Die Ankunft der Mitarbeiter am Einsatzort markiert die erste Konfrontation mit der neuen Arbeitsumgebung. Anders als bei klassischen Unternehmen erstreckt sich diese Phase nicht im Regelbetrieb, sondern ist der Veranstaltung meist vorgelagert, um eine Einarbeitung mit Veranstaltungsbeginn sicherzustellen. Dieser Zeitraum kann über mehrere Tage oder Wochen während des Aufbaus andauern. Abbildung 2 fasst die Gestaltungsmöglichkeiten für die Phase bei Arbeitsbeginn des Onboarding-Prozesses entsprechend der Integrationsebenen zusammen (Vgl. Kapitel 2.4).

Abbildung 2: Onboarding-Maßnahmen geordnet nach den Integrationsebenen

Begrüßung

Bei Ankunft ist es wichtig, die Mitarbeiter nicht zu überfordern, sondern ihnen das Gefühl zu geben, willkommen zu sein. Ein Empfang bestehend aus dem Projektteam, den einzig bisherigen Kollegen, stellte hier einen geeigneten Rahmen dar. Dieser Empfang kann kurz und formlos gehalten werden mit einer Ansprache. Direkt im Anschluss hat die Zimmer- und Appartementvergabe sowie ein kurzer Rundgang durch die jeweiligen Wohnkomplexe zur ersten Orientierung der Neuankömmlinge zu erfolgen. In den Zimmern angekommen, sollte den Mitarbeitern ausreichend Zeit eingeräumt werden, um sich einzurichten und anzukommen. Unterstützend wirkt hier ein Willkommensgeschenk.

Schulungen

In Schulungen und Trainings gebündelte Inhalte werden bei zeitlich befristeten Arbeitseinsätzen als zielführendes Instrument der komprimierten Wissensvermittlung betrachtet. Sie dienen der fachlichen Integration und sind mit dem Ziel verbunden, dem Mitarbeiter sein Aufgabenspektrum und die erwartete Qualität seiner Tätigkeit zu vermitteln. Es handelt sich dabei um einen Lernprozess, der von Unwissen und Neugierde über erstes Verständnis bis hin zur Erarbeitung von Wissen reicht.[64] Schulungen bilden damit ein zentrales Element der Eintrittsphase.

64 Vgl. Peitz und Merkwitz (2002), S.147.

Da die Interaktion mit Gästen und Kollegen stets ein Konfliktpotential birgt, sollten auch Beschwerde- und Konfliktmanagementseminare eingebunden werden.

Ein besonderes Hauptaugenmerk sollte auf die Inhalte der interkulturellen Kommunikation gelegt werden. Um gegenseitiges Verständnis und eine reibungslose Zusammenarbeit zu ermöglichen, sollten daher Normen, Werte und Handlungsmuster beteiligter Kulturen kennengelernt, verstanden und angewandt werden.[65]

Schulungen sollten unabhängig von deren Inhalte so interaktiv wie möglich ablaufen, um einen hohen Lerneffekt zu erzielen. In der gegenwärtigen Forschung wird vermutet, dass bis zu 90% der Lerninhalte durch die eigene Anwendung der Lernenden beibehalten werden können.[66] In Anbetracht der Kürze der Zeit sollte ein ausgewogenes Verhältnis aus Vorträgen sowie Fallstudien und Rollenspielen vorherrschen.

Trial Days

Klassischerweise ermöglichen Trial Days bzw. Probetage neuen Mitarbeitern das Kennenlernen des üblichen Arbeitsalltags.[67] Dieser Alltag beginnt bei Großveranstaltungen frühestens mit dem Veranstaltungsbeginn, sodass eine Probearbeit nicht möglich ist. Ein inszenierter Probebetrieb, sog. Trial Days mit Testbesuchern, geben den Mitarbeitern daher einen realitätsnahen Einblick in das spätere Arbeitsumfeld. Der Probebetrieb kann alternativ in Form eines Rollenspiels in die Schulungen integriert werden.

65 Vgl. Kühlmann (2014), S.868.
66 Vgl. Trummer (o.J.), o.S.
67 Vgl. Kämmer (2015), S.34.

Wissensaustausch

Die Anschaffung komplexer Wissensmanagement-instrumente wie integrierten Softwarelösungen, um bspw. ein Corporate Wiki zu implementieren, sind aufgrund der temporären Existenz der Organisationsstruktur nicht rentabel. Des Weiteren verfügt meist nur ein geringer Teil der Mitarbeiter über einen Computer-Arbeitsplatz, sodass nicht zwingend Internetzugang besteht. Um dennoch einen hohen Wissensaustausch zu erzielen, stellt ein Schwarzes Brett eine kostengünstige Alternative dar. Platziert an einem hochfrequentiertem Ort bietet es die Möglichkeit allen Mitarbeitern Informationen zu Teil werden zu lassen. Dieses Medium setzt weder mobile Endgeräte noch eine Internetverbindung voraus. Zahlen und Fakten sowie Presseberichte, Freizeitaktivitäten oder Besprechungstermine können schnell und einfach distribuiert werden. Voraussetzung für ein funktionierendes schwarzes Brett ist die sorgfältige Pflege und Aktualisierung der Inhalte.[68]

Teamentwicklung

Bei Ankunft treffen eine Vielzahl an Menschen unterschiedlichsten Alters, Herkunft, Position und Erwartungen aufeinander, die einander völlig unbekannt sind. Um aus dieser Gruppe ein funktionsfähiges Team zu bilden, wird die Einbindung von Teamentwicklungsmaßnahmen in die Schulungen unabdingbar. Spitzenleistungen werden erst durch die freigesetzten Kräfte im Team möglich.

Zu den Zielen der Teamentwicklung zählen die verbesserte Kommunikation zwischen den Teammitgliedern, das Verständnis für die Rolle eines jeden Mitglieds, gegenseitige Unterstützung und Zusammenarbeit sowie die Entwicklung der Fähigkeit mit Konflikten umzugehen.[69] Im Gegensatz zum klassischen Onboarding ist die soziale Integration bei der Einarbeitung neuer Mitarbeiter bei Großveranstaltungen eng mit der Teamentwicklung verzahnt, da eine Integration in ein bestehendes Team unmöglich wird.

68 Vgl. Einwiller, Klöfer und Nies (2006), S.236.
69 Vgl. Nerdinger (2011b), S.105ff.

Vorstellung/ Kennenlernen

Die Vertrautheit mit dem Team zählt zu einem wichtigen Faktor für eine schnelle Einarbeitung. Am Anfang der Beziehung zwischen den Kollegen steht das gegenseitige Kennenlernen. Um diesen Prozess zu unterstützen, erfolgt die Vorstellung der wichtigsten Ansprechpartner samt der Ausgabe der Kontaktdaten. Da die Vorstellung jedes einzelnen Mitarbeiters zu lange dauern würde, es jedoch auch kein Intranet gibt, wo ein Foto sowie einer kurzen Beschreibung der Mitarbeiter zu finden sind, müssen kreative Alternativen genutzt werden. Kennenlernspiele sowie die gemeinsame Gestaltung eines Mitarbeiterbuchs empfehlen sich hier.

Räumliche Orientierung

Rundgang

Um die Eingewöhnung an die neue Umgebung in Bezug auf Arbeits- und Privatleben zu beschleunigen, ist ein Rundgang fester Bestandteil des Onboardings. Die Mitarbeiter müssen ihr Arbeitsumfeld kennen. Gerade Servicemitarbeiter werden vielfach nach Auskunft über Toiletten, Restaurants und Geländeinformationen gebeten. Bei der Begehung können Exponate und Programmabläufe erklärt werden.

Stadterkundung

Da neben dem Arbeits- auch das Privatleben der meisten Mitarbeiter durch den Arbeitseinsatz geprägt wird, ist es wichtig, diesen die wichtigsten Anlaufstellen in der Umgebung des Wohnortes mitzuteilen.

Bei einer Stadtrallye können Kenntnisse zu Stadt, Geschichte und Kultur mit einem Teamevent spielerisch kombiniert werden. Hierfür gibt es professionelle Anbieter.[70]

70 Vgl. Stadtrallye (2015), o.S.; Art Milano Stadtrallye (2015), o.S.

4.3 Maßnahmen nach Arbeitsbeginn

Mit Ablauf der Schulungen ist das Onboarding nicht zwingend bei allen Mitarbeitern abgeschlossen. Den Beweis hierfür liefern die Arbeitsergebnisse während der Veranstaltung. Daher sollten insbesondere für die ersten Tage und Wochen nach Veranstaltungsbeginn weitere Onboarding-Maßnahmen genutzt werden.

Briefings

Ein Großteil der komprimiert vermittelten Inhalte während der Schulungen geht schnell wieder bei den Mitarbeitern verloren. Lernprozesse werden gefördert durch das mehrmalige Wiederholen und Üben. Hinzu kommt, dass jeder einzelne Veranstaltungstag neue Herausforderungen an das Personal stellt, bedingt durch täglich wechselnde Besucher, Delegationen und Events. Briefings, welche ein kurzes Einweisungs- oder Informationsgespräch beschreiben,[71] dienen dem nachhaltigen Know-How-Transfer bei Events. Der Vorteil liegt in der gegenseitigen Motivation und Unterstützung der Mitarbeiter. Die Mitarbeiter lernen voneinander und spornen sich gegenseitig zu Höchstleistungen an.[72]

Job Rotation

Job Rotation bezeichnet den systematischen Aufgaben- und Arbeitsplatzwechsel, um Eintönigkeit zu vermeiden und die Kenntnisse der Mitarbeiter zu vertiefen. Damit ist es ein geeignetes Instrument, um in kurzer Zeit verschiedene Aufgabenbereiche kennenzulernen und somit das Onboarding zu beschleunigen. Die Rotation bietet Abwechslung und erfordert die konsequente Anpassung an neue Arbeitssituationen. Voraussetzungen sind gleichwertige Inhalte und Hierarchie der Tätigkeit. Der Mitarbeiter muss in der Lage sein, den jeweils anderen Job auch wirklich auszuüben. [73] Um Einblicke in die Aufgabenbereiche anderer Mitarbeiter eines anderen Job-Profils zu erhalten, ist Job Rotation nicht geeignet, da es im Rahmen des Onboardings der raschen Beherrschung der eigenen und nicht fremden Tätigkeiten dienen soll.

71 Vgl. Duden (2015), o.S.
72 Vgl. Grudda und Harthauer (2012), S.14f.
73 Vgl. Fricke (2010), S.532ff.

Feedback und Evaluation

Das Onboarding ist bei jedem Mitarbeiter zu einem individuellen Zeitpunkt abgeschlossen. Es stellt sich jedoch die Frage, wie das Projektteam einerseits feststellen kann, wann, und ob der Mitarbeiter eingearbeitet ist, und welche Möglichkeiten dem Personal andererseits zur Verfügung stehen, um sich zusätzliche Informationen und Unterstützung bei Problemen einzuholen. Feedback- und Beratungsmöglichkeiten nehmen eine wichtige Rolle ein. Hierfür stellen unter anderem Mitarbeiterbefragungen sowie sog. Follow-ups, Nachfassaktionen zu Trainings- und Schulungsinhalten, geeignete Möglichkeiten dar.

4.4 Maßnahmen bei Nachbesetzung

Handelt es sich klassischerweise beim Onboarding neuer Mitarbeiter um eine Neu- oder Nachbesetzung, ist im Falle von Großveranstaltungen vor allem die Neubesetzung aufgrund der Erst- und Einmaligkeit des Eventcharakters von Bedeutung. Die Nachbesetzung einer Stelle, nachdem ein Mitarbeiter fluktuiert ist, spielt aufgrund der Kürze vieler Großveranstaltungen eine untergeordnete Rolle. Die Fluktuationsquote ist im Vorfeld nahezu unschätzbar. Weder die Anzahl noch der Zeitpunkt der Fluktuation sind bekannt, dennoch empfiehlt es sich auch für den Fall der Nachbesetzung, dem neuen Mitarbeiter geeignete Maßnahmen zum schnellen Onboarding bereitzustellen, um einen nahtlosen Veranstaltungsverlauf zu gewährleisten.

Schriftliche Dokumente

Bei sog. Nachrückern wird es nicht möglich sein, die Schulungen der Kollegen in einer vergleichbaren Form nachzuholen. Umso wichtiger ist daher eine vollständige, schriftlich fixierte Dokumentation der Inhalte. Ein zusammenfassendes Handbuch sollte per E-Mail bereits vor der Anreise an den Mitarbeiter versendet sowie bei Ankunft in Papierform ausgehändigt werden.

Patensystem

Aufgrund des kleinen bestehenden Teams vor Veranstaltungsbeginn kann kein Patensystem für die Anfangskonstellation angewandt werden. Rückt ein

Mitarbeiter nach Beginn der Veranstaltung nach, so werden zentrale Elemente des Onboardings wie Schulungen unmöglich. Diese können jedoch durch die intensive Betreuung durch einen Paten kompensiert werden. Bei einem Patensystem wird dem neuen Mitarbeiter ein erfahrener Mitarbeiter zugewiesen, der ihn in der Zeit der Einarbeitung betreut. Der Pate hat zur Aufgabe, den neuen Kollegen mit der Arbeitsumgebung vertraut zu machen, ihm bei der Kontaktaufnahme mit anderen sowie bei persönlichen Problemen zu unterstützen. Betreuungs- und konstruktive Kritikgespräche dienen der weiteren Orientierung des neuen Mitarbeiters.[74] Das Patensystem steht im Kontext der sozialen, werte- und umgebungsorientierten Integration. Der Pate versorgt den neuen Mitarbeiter mit einer Vielzahl an informellen Informationen, welche maßgeblich zum persönlichen Wohlbefinden beitragen. Zusammen mit den schriftlichen Dokumenten zur fachlichen Qualifizierung kann eine ganzheitliche Integration des neuen Mitarbeiters erfolgen.

Im Weiteren orientiert sich der Onboarding-Prozess so weit wie möglich an den Maßnahmen für die Einarbeitung der Anfangsbesetzung.

74 Vgl. Kieser et al. (1990), S.155ff.

5 Zusammenfassung und Ausblick

Eine der größten Herausforderungen des Personalmanagements stellen die zunehmende Mobilität sowie der damit verbundene Arbeitsplatzwechsel der Mitarbeiter dar. Folglich kommt dem schnellen und wirkungsvollen Onboarding eine immer größere Bedeutung zu. Der häufige Arbeitgeberwechsel trifft auch und gerade auf die Veranstaltungsbranche zu, in der jede einzelne Veranstaltung die Qualifizierung des Personals erneut erfordert. Doch wie wird aus einem Bewerber ein Mitarbeiter? Antworten darauf beschreibt das Onboarding durch das ganzheitliche An-Bord-Nehmen neuer Organisationsmitglieder in fachlicher, sozialer, werte- und umgebungsorientierter Hinsicht.

Hierbei stehen weniger die Mitarbeiterbindung als die Mitarbeiterqualifizierung und -motivation im Vordergrund. Das Veranstaltungsende steht nahezu immer in Verbindung mit der Beendigung des Arbeitsverhältnisses, wohingegen bereits der Veranstaltungsbeginn vollständig qualifiziertes und integriertes Personal erfordert.

Das Onboarding neuer Mitarbeiter ist gerade deshalb so wichtig, weil es großen Einfluss auf die Einstellungen und das Verhalten der Mitarbeiter und damit auf den Erfolg des Projektes hat.

Die Generierung geeigneter Gestaltungsmöglichkeiten für einen Prozess des Onboardings erfolgt immer unter Berücksichtigung der Bedürfnisse und Anforderungen von Mitarbeitern, Arbeitgeber und Veranstaltung. Eine Analyse von Arbeitsbedingungen, Mitarbeiterzusammensetzung, Erwartungshaltungen und Organisationsstruktur ist folglich unabdingbar.

Unter Berücksichtigung dieser veranstaltungsspezifischen Parameter lässt sich das nachfolgende Grundmuster entsprechend modifizieren.

Vor Eintritt	**Bei Eintritt**	**Nach Eintritt**
• Realistische Rekrutierung • Geplante Vorabkommunikation zu den Mitarbeitern • Interne Vorbereitungen	• Willkommensansprache und Empfang • Schulungen • Trial Days • Wissensaustausch: Schwarzes Brett • Teamentwicklung • Gegenseitiges Kennenlernen • Entwicklung eines Ziel- und Werteverständnisses • Räumliche Orientierung	• Briefings • Job Rotation • Feedback und Evaluation

Abbildung 3: Onboarding-Prozess in zeitlicher Abfolge

Literaturverzeichnis

Aberdeen Group. (2006) The Onboarding Benchmark Report - Technology Drivers Help Improve the New Hire Experience.

Alves, L. (2004) Rio 2016 Olympic and Paralympic Volunteer Registration Surges in The Rio Times. Abgerufen am 27. April 2015 von: http://riotimesonline.com/brazil-news/rio-sports/rio-2016-olympicparalympic-volunteer-registration-surges/#.

Art Milano. (2015) Stadtrallye Mailand. Abgerufen am 28. Mai 2015 von: http://www.art-milano.com/de/event-fuehrungen/stadtrallye.

Aygen, N. (2015) Die Besten für den Vertrieb: So nutzen Sie erfolgreiche Sales-Strategien zur Rekrutierung von Top-Mitarbeitern (2. Auflage). Wiesbaden: Springer Fachmedien.

Bauer, T. N., & Erdogan, B. (2010) Organizational socialization: The effective onboarding of new employees. In S. Zedeck, H. Aguinis, W. Cascio, M. Gelfand, K. Leung, S. Parker, & J. Zhou (Hrsg.): APA Handbook of I/O Psychology, Volume III, S.51-64. Washington D.C.: APA Press.

Becker, F. G. (2004) Personaleinführung in WiSt - Wirtschaftswissenschaftliches Studium (Heft 9), S.514-519.

Benner, D. (2014) Onboarding - Als Führungskraft neue Mitarbeiter erfolgreich einarbeiten und integrieren. Wiesbaden: Springer Gabler.

Bowdin, G., Allen, J., Harris, R., Mc Donnell, I., & O'Toole, W. (2011) Events Management. New York (U.S.): Butterworth-Heinemann.

Bradt, G. B., & Vonnegut, M. (2009) Onboarding: How to Get Your New Employees Up to Speed in Half the Time. Hoboken, New Jersey (U.S.): John Wiley & Sons.

Buchheim, C., & Weiner, M. (2014) HR-Basics für Start-ups. Wiesbaden: Springer Gabler.

Detmers, U. (2002) Personaleinstellung. In R. Bröckermann, & W. Pepels (Hrsg.), Handbuch Recruitment: Die neuen Wege moderner Personalakquisition, Berlin: Cornelsen, S.300-315.

Drucker, P. (1992) The New Society of Organizations in Harvard Business Review, September/ Oktober 1992.

Duden. (2015) Definition Briefing. Abgerufen am 28. Mai 2015 von: http://www.duden.de/rechtschreibung/Briefing.

Einwiller, S., Klöfer, F., & Nies, U. (2006) Mitarbeiterkommunikation. In B. Schmid, & B. Lyczek (Hrsg.), Unternehmenskommunikation - Kommunikationsmanagement aus Sicht der Unternehmensführung. Wiesbaden: Gabler, S.217-256.

Engelhardt, S. (2006) Neue Mitarbeiter erfolgreich einarbeiten: erfolgreiche Unternehmen investieren in ihr Humankapital. Stuttgart: Kohlhammer.

Fricke, Y. (2010) Job Rotation. In R. Bröckermann, & M. Müller-Vorbrüggen (Hrsg.), Handbuch Personalentwicklung. Die Praxis der Personalbildung, Personalförderung und Arbeitsstrukturierung (3. Auflage). Stuttgart: Schäffer-Poeschel, (S.531-538).

Gesellschaft für Konsumforschung. (2011) Anteil der Arbeitskräfte, die sich aktiv um einen neuen Job bemühen in Statista - Das Statistik-Portal. Abgerufen am 20. Mai 2015 von: http://de.statista.com/statistik/daten/studie/192206/umfrage/suche-nach-neuem-job-arbeitsplatzwechsel/.

Getz, D. (1997) Event Management & Event Tourism. New York: Cognizant Communication Corp.

Grudda, A., & Harthauer, H.-J. (2012) power briefing. Stuttgart: Matthaes.

Hiekel, A., & Neymanns, T. (2011) Neue Mitarbeiter an Bord nehmen. Abgerufen am 28. Mai 2015 von: http://www.meta-five.com/download/fachartikel/Onboarding_Studie_meta_five.pdf.

Hitzler, R., Betz, G., Niederbacher, A., & Möll, G. (2013) Mega-Event-Macher - Zum Management multipler Divergenzen am Beispiel der Kulturhauptstadt Europas RUHR.2010. Wiesbaden: Springer VS Verlag für Sozialwissenschaften.

Holzbaur, U., Jettinger, E., Knauß, B., Moser, R., & Zeller, M. (2010) Eventmangement - Veranstaltungen professionell zum Erfolg führen (4. Auflage). Heidelberg: Springer.

Kämmer, K. (2015) Personalentwicklung - von wertschätzender Haltung zu wertschöpfender Entwicklung. Hannover: Schlütersche.

Kästle, T. (2012) Kompendium Event-Organisation, Business- und Kulturveranstaltungen professionell planen und durchführen. Wiesbaden: Springer Fachmedien.

Keup, M. (2010) Internationale Kompetenz: Erfolgreich kommunizieren und handeln im Global Business. Wiesbaden: Gabler.

Kieser, A.; Nagel, R.; Krüger, K.H., Nippler, G. (1990) Die Einführung neuer Mitarbeiter in das Unternehmen. Neuwied, Frankfurt/ Main: Kommentator-Verlag.

Kirchgeorg, M., Springer, C. & Brühe, C. (2009) Live Communication Management - Ein strategischer Leitfaden zur Konzeption, Umsetzung und Erfolgskontrolle. Wiesbaden: Gabler.

Klein, H. J., & Polin, B. (2012) Are Organizations On Board with Best Practices Onboarding? In C. Wanberg (Hrsg.), The Oxford Handbook of Organizational Socialization. New York: Oxford University Press, S. 267-287.

Kolb, M. (2010) Personalmanagement - Grundlagen und Praxis des Human Resources Managements (2. Auflage). Wiesbaden: Gabler.

Kühlmann, T. M. (2014) Internationaler Personaleinsatz. In H. Schuler (Hrsg.), Lehrbuch der Personalpsychologie (3. Auflage). Göttingen: Hogrefe, S.847-888.

Lohaus, D., & Habermann, W. (2015) Integrationsmanagement – Onboarding neuer Mitarbeiter. Göttingen: Vandenhoeck & Ruprecht.

Marris, T. (1987) The role and impact of mega-events and attractions on regional and national tourism development: Resolutions of the 37th Congress of the AIEST, Calgary in Revue de Tourisme, Ausgabe 42 Nummer 4, S.3-12.

Nerdinger, F. W. (2011a) Gravitation und organisationale Sozialisation. In F. W. Nerdinger, G. Blickle, & N. Schaper (Hrsg.), Arbeits- und Organisationspsychologie (2. Auflage). Berlin; Heidelberg: Springer, S.70-79.

Nerdinger, F. W. (2011b) Teamarbeit. In F. W. Nerdinger, G. Blickle, & N. Schaper (Hrsg.), Arbeits- und Organisationspsychologie (2. Auflage). Berlin; Heidelberg: Springer, S.95-108.

Peitz, A., & Merkwitz, R. (2002) Schritt für Schritt: Erfolgreiche Integration neuer Mitarbeiter. In A. Peitz, & R. Pfeiffer, Personalauswahl international. Düsseldorf: Symposion, S.145-163.

Pons GmbH. (2015) Abgerufen am 08. Mai 2015 von: http://de.pons.com/%C3%BCbersetzung?q=blending&l=deen&in=&lf=de.

Rischar, K., & Brendt, D. (1994) Einführung neuer Mitarbeiter. München; Landsberg am Lech: mvg-Verlag.

Roche, M. (2000) Megaevents and Modernity: Olympics and Expos in the Growth of Global Culture. London: Routledge Chapman & Hall.

Roche, M. (2001) Mega-Events, Olympic Games and the World Student Games 1991 -Understanding the Impacts and Information Needs of Major Sports Events, SPRIG Conference, UMIST Manchester, 1. Mai 2001.

Trummer, W. (o.J.) Tipps für schnelles und effizientes Lernen in Business Wissen. Abgerufen am 23. Mai 2015 von: http://www.business-wissen.de/artikel/schlauer-werden-tipps-fuer-schnelles-und-effizientes-lernen/.

Van der Wagen, L., & White, L. (2015) Human Resource Management for the Event Industry (2. Auflage). New York: Routledge.

Wanous, J. P., & Fan, J. (2008) Organizational and Cultural Entry: A New Type of Orientation Program for Multiple Boundary Crossings in Journal of Applied Psychology (Vol. 93), S.1390-1400.

Weiß, D. P. (2008) Strategische Gestaltung des Lebenszyklus von Mega-Events. Wiesbaden: Gabler.

NACHHALTIGE MESSEN

ENTWICKLUNG EINES UMSETZUNGS- UND VERMARKTUNGSMODELLS

Florenz Meier

Inhaltsverzeichnis

Abkürzungsverzeichnis

BMU	-	Bundesministerium für Umwelt, Naturschutz, Bau- und Reaktorsicherheit
CSR	-	Corporate Social Responsibility
DSLV	-	Deutscher Speditions- und Logistikverband e. V.
DZT	-	Deutsche Zentrale für Tourismus e. V.
EITW	-	Europäische Institut für Tagungswirtschaft
EMAS	-	Eco-Management and Audit Scheme
EVVC	-	Europäischer Verband der Veranstaltungs-Centren e. V.
FAMAB	-	Verband Direkte Wirtschaftskommunikation e. V.
GCB	-	German Convention Bureau
Kfz	-	Kraftfahrzeug
KIT	-	Karlsruher Institut für Technologie
KMK	-	Karlsruher Messe- und Kongress-GmbH
KVV	-	Karlsruher Verkehrsverbund
Lkw	-	Lastkraftwagen
ÖPNV	-	Öffentlicher Personennahverkehr
Pkw	-	Personenkraftwagen

Abbildungsverzeichnis

1 Einleitung

1.1 Problemstellung und Zielsetzung

Nachhaltigkeit hat sich zunehmend zu einem wichtigen Thema der Gesellschaft entwickelt und der Gedanke, sich im Sinne der Nachhaltigkeit zu engagieren und in diesem Bereich Verantwortung zu übernehmen, hat sich ebenfalls im Leitbild vieler Unternehmen und Branchen verankert.[1]

In diesem Beitrag liegt der Fokus auf der MICE-Branche, die sich ebenfalls mit dem Thema Nachhaltigkeit befasst. Laut Aussage von Joachim König, dem Präsidenten des Europäischen Verbands der Veranstaltungs-Centren e. V. hat die MICE-Branche *„mit jährlich mehr als drei Millionen Veranstaltungen und über 370 Millionen Teilnehmern in Deutschland einen großen Einfluss auf die Umsetzung von Nachhaltigkeitsmaßnahmen.*"[2] Das ist vor allem in der MICE-Branche durch die steigende Zahl an Zertifizierungen für Veranstaltungen und Veranstaltungsstätten zu erkennen.[3]

Aufgrund der Relevanz von Nachhaltigkeit in der MICE-Branche ergibt sich folgende Aufgabenstellung dieses Beitrags: Die Entwicklung eines Umsetzungs- und Vermarktungsmodells für nachhaltige Messen.

1.2 Vorgehensweise

Wie in der folgenden Abbildung dargestellt, ist der vorliegende Beitrag in zwei Bestandteile gegliedert, die auf folgendem Zitat von Walter Fisch basieren. *„Tue Gutes und rede darüber."*

1 Vgl. Grunwald & Kopfmüller, 2012, S. 11.
2 DGNB, 2015, S. 23.
3 Vgl. Kapitel 2.2.2.

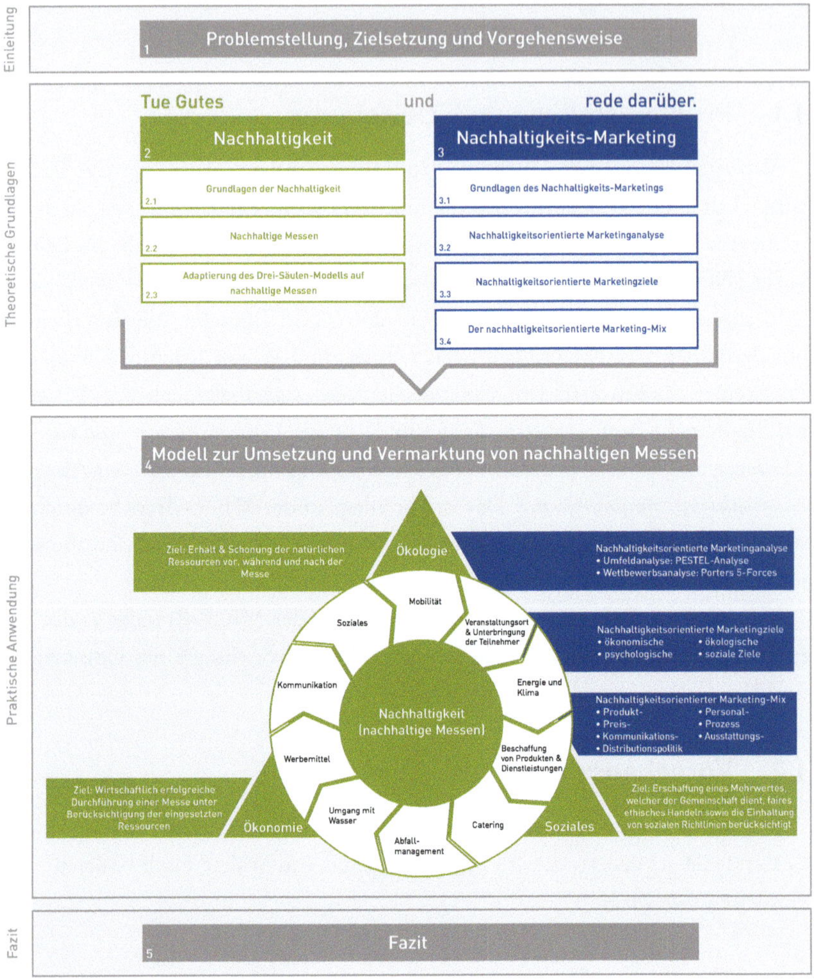

Abbildung 1: Aufbau der Arbeit

Hierbei steht der erste Teil des Zitats „Tue Gutes“ für die Umsetzung einer nachhaltigen Messe. Der zweite Teil „und rede darüber“ steht für die Vermarktung einer nachhaltigen Messe.

Das zweite Kapitel setzt sich mit dem Thema Nachhaltigkeit auseinander und geht auf nachhaltigkeitsorientierte Umsetzungsmöglichkeiten nach dem Prinzip „Tue Gutes“ ein. Hierbei werden zunächst die Grundlagen des Nachhaltigkeitsbegriffs erläutert und anschließend in Bezug zur Messewirtschaft gesetzt. Die dabei gewonnenen Erkenntnisse dienen wiederum als Basis für das Nachhaltigkeitsdreieck für nachhaltige Messen. Hierbei handelt es sich um ein neu erstelltes Modell, indem die Beweggründe und Umsetzungsmöglichkeiten für nachhaltige Messen unter der Berücksichtigung der Nachhaltigkeitsdefinition miteinander verknüpft werden.

Im dritten Kapitel wird näher auf das Nachhaltigkeits-Marketing nach dem Vermarktungsprinzip „und rede darüber“ eingegangen. Hierbei werden zuerst die Grundlagen des Nachhaltigkeits-Marketings erläutert. Auf Basis von Literaturrecherche wird darauffolgend die theoretische Vorgehensweise bei einer Marketinganalyse, den Marketingzielen und des Marketing-Mix unter der Berücksichtigung des Nachhaltigkeitsbegriffs erklärt.

Die erarbeiteten theoretischen Grundlagen werden im vierten Kapitel miteinander verknüpft. Hierdurch entsteht ein eigens entwickeltes Modell, welches sowohl die Umsetzung als auch die Vermarktung von nachhaltigen Messen in einer strukturierten Vorgehensweise vereint.

2 Nachhaltigkeit

2.1 Grundlagen der Nachhaltigkeit

Der Begriff „*Nachhaltigkeit*" hat sich zu einem Modewort entwickelt, jedoch handelt es sich hierbei keinesfalls um einen kurzzeitigen oder neumodischen Trend, sondern viel eher um einen historisch gewachsenen Begriff, der zunehmend an Bedeutung gewinnt.[4] Der Ursprung des Begriffs stammt aus dem 18. Jahrhundert, als der sächsische Oberberghauptmann Hans Carl von Carlowitz das Wort „Nachhaltigkeit" erstmals in seiner Abhandlung „Sylvicultura Oeconomica"[5] verwendet hat.[6] In seiner Studie fordert er eine nachhaltige Forstwirtschaft in der nur so viel Holz im Jahr geschlagen wird, wie auch wieder nachwachsen kann. Dieses Prinzip der maximalen ökonomischen Nutzung einer Ressource unter Berücksichtigung ökologischer Bedingungen dient als Vorbild für spätere Überlegungen hinsichtlich Nachhaltigkeit.[7]

Auch wenn sich die konkreten Begriffsdefinitionen von *Nachhaltigkeit* in der wissenschaftlichen Literatur unterscheiden, basieren die betriebswirtschaftlichen Definitionsansätze auf dem „Drei-Säulen-Modell der Nachhaltigkeit"[8]. Dem Drei-Säulen-Modell zufolge wird Nachhaltigkeit durch die drei Säulen der ökologischen, ökonomischen und sozialen Dimension gestützt.[9]

4 Vgl. Colsman, 2014, S. 1 ff; Grabe, 2014, S. 202; Pufé, 2014, S. 19 ff.
5 Vgl. Carlowitz, 2013.
6 Vgl. Heinrichs & Michelsen, 2014, S. 4.
7 Vgl. Grunwald & Kopfmüller, 2012, S. 14 ff; Frank & Patrizi, 2014, S. 9 f.
8 Vgl. Colsman, 2014, S. 2; Grabe, 2014, S. 12 ff; Oblasser & Riediger, 2015, S. 29; Pufé, 2014, S. 33 ff; Brugger, 2010.
9 Vgl. Spindler, o. A., S. 12 f; Balerjahn, 2004, S. 10 ff; Oblasser & Riediger, 2015, S. 31 f; Frank & Patrizi, 2014, S. 22; Beys, 2013; Kleine, 2009, S. 5 f.

Abbildung 2: Das Drei-Säulen-Modell der Nachhaltigkeit
Quelle: Eigene Darstellung in Anlehnung an Spindler, o. A., S. 12 f; Pufé, 2014, S. 118.

Die grundlegende Aussage dieses Modells ist, dass die wirtschaftliche Leistungsfähigkeit der Unternehmen, die ökologische Tragfähigkeit und die sozialen Aspekte bei nachhaltigen Entscheidungen und der nachhaltigen Strategieentwicklung **gleichberechtigt** berücksichtigt werden.[10] Zur näheren Erläuterung des Modells werden im Folgenden die einzelnen Säulen ausführlich erklärt.

- Die *ökologische* Dimension der Nachhaltigkeit verlangt den schonenden Umgang mit Umwelt, Natur und vorhandenen Ressourcen, um diese für nachfolgende Generationen zu erhalten.[11] Dies umfasst den Erhalt der Artenvielfalt, den Klimaschutz, die Pflege von Kultur- und Landschaftsräumen in ihrer ursprünglichen Gestalt sowie generell einen schonenden Umgang mit der natürlichen Umgebung.[12]
- Die *ökonomische* Dimension der Nachhaltigkeit beschreibt die Maximierung des wirtschaftlichen Ertrags bei gleichzeitiger Berücksichtigung der Ressourcenknappheit.[13] Somit müssen ökonomische Ziele, wie beispiels-

10 Vgl. 4 Managers, 2014; Pufé, 2014, S. 118 ff; Prexl, 2010, S. 42 ff.
11 Vgl. 4 Managers, 2014; Balerjahn, 2004, S. 9 ff; Kleine, 2009, S. 7.
12 Vgl. Pufé, 2014, S. 105 f; Schmied, Götz, & Kreilkamp, S. 16 ff; Frank & Patrizi, 2014, S. 22 f; Colsman, 2014, S. 1 f.
13 Vgl. 4 Managers, 2014; Balerjahn, 2004, S. 21 ff; Frank & Patrizi, 2014, S. 22 f; Colsman, 2014, S. 1 f.

weise die Gewinnmaximierung, im Einklang zu den dafür benötigten wirtschaftlichen Ressourcen stehen. Nur in diesem Fall können langfristig wirtschaftliche Erträge erzielt werden.[14]

- Die *soziale* Dimension der Nachhaltigkeit fokussiert sich auf die Förderung von Bildung und Entwicklung von familienfreundlichen Strukturen.[15] Das Ziel dieser Dimension ist die Sicherung von Gesundheit, sozialer Stabilität und eine sichere Gesellschaftsentwicklung.[16]

Kritisch betrachtet, weist das Drei-Säulen-Modell jedoch einen wesentlichen Schwachpunkt auf: Die einzelnen Säulen werden lediglich isoliert als Träger der Nachhaltigkeit betrachtet und mögliche Überschneidungen der jeweiligen Dimensionen werden außer Acht gelassen.[17] Auf diese Problematik wird später im Kapitel 2.3 im Detail eingegangen.

2.2 Nachhaltige Messen

2.2.1 Begriffsabgrenzung und Definition einer nachhaltigen Messe

Aus der vorliegenden Literatur konnte keine konkrete Definition für *nachhaltige Messen* ermittelt werden. Um die Messewirtschaft trotzdem in Bezug zum Begriff *Nachhaltigkeit* zu setzen, werden im Folgenden verschiedene Definitionsansätze für nachhaltige Veranstaltungen - sogenannten *Green Events* - diskutiert und anschließend auf die Eigenschaften von Messen angepasst.

Definitionsansätze nachhaltiger Messen:

- **Große Ophoff**

  „Green Meeting [ist] ein umfassender Ansatz zur Planung, Umsetzung, Dokumentation und Weiterentwicklung von umweltgerechten

14 Vgl. Pufé, 2014, S. 106 f; Schmied, Götz, & Kreilkamp, S. 18 ff; Kleine, 2009, S. 7.

15 Vgl. Balerjahn, 2004, S. 13 f; Frank & Patrizi, 2014, S. 22 f; Colsman, 2014, S. 1 f.

16 Vgl. 4 Managers, 2014; Balerjahn, 2004, S. 13 f; Pufé, 2014, S. 107 f; Schmied, Götz, & Kreilkamp, S. 21 f.

17 Vgl. Kleine, 2009, S. 6 f.

Veranstaltungen, der alle für die umweltgerechte Durchführung der Veranstaltung relevanten Akteure, wie Mitarbeiter, Zulieferer, Dienstleister und Teilnehmer einbezieht.“[18]

Kritische Reflexion:
Der Fokus liegt auf der Ökologie. Ökonomie und Soziales wird vernachlässigt.

- **Rainer Lucas**

  „Green Events verbinden die erlebnisorientierten Ziele eines normalen Events mit den drei Dimensionen der Nachhaltigkeit (ökologische, soziokulturelle und ökonomische Ziele). Um einen langfristigen Nutzen zu stiften, wird die Umweltbelastung verringert, die regionale Wirtschaft berücksichtigt, und es werden soziale und kulturelle Akzente gesetzt.“[19]

  Kritische Reflexion:
  Der erlebnisorientierte Charakter von Veranstaltungen wird berücksichtigt.

- **Loew & Rohde**

  „Corporate Social Responsibility (CSR) ist die Verantwortung eines Unternehmens für die Auswirkungen seiner Aktivitäten auf die Gesellschaft und die Umwelt. Ein CSR-Management führt dazu, dass vom Unternehmen und seinen Aktivitäten negative Auswirkungen auf einzelne Menschen, die Gesellschaft und die Umwelt vermieden oder minimiert werden, anzuwendendes Recht eingehalten wird, die Interessen der Stakeholder angemessen berücksichtigt werden und zu einer nachhaltigen Entwicklung beigetragen wird.“[20]

  Kritische Reflexion:
  Erweiterung um die Soziale Dimension im Sinne der gesellschaftlichen Verantwortung von Unternehmen.

18 Große Ophoff, 2013, S. 114.
19 Lucas, et al., 2007, S. 17.
20 Loew & Rohde, 2013, S. 7 ff.

- **Oblasser & Riediger**

  „Die Organisation und Umsetzung von nachhaltigen [Messen] umfasst die ganzheitliche und ausgewogene Betrachtungsweise ökonomisch, sozial und ökologisch nachhaltiger Handlungen. Dabei darf nicht nur die singuläre [Messe] betrachtet werden. Vielmehr muss ein Umdenken bei allen relevanten Akteuren [Veranstalter, Mitarbeiter, Aussteller und Besucher, Dienstleister, Verbände und Medien] verankert werden. Alle Maßnahmen müssen derart gestaltet sein, dass sie validier- und dokumentierbar sind, um in einem ständigen Prozess verbessert werden zu können. Das Ziel muss es sein, eine ökonomisch erfolgreiche [Messe] bei ethischem und fairen Handeln mit möglichst geringem Impact auf die Umwelt zu gestalten."[21]

  Kritische Reflexion:
  Berücksichtigung der Umsetzung, Vermarktung sowie erlebnisorientierten Funktion von Messen. Sowie die gleichberechtigte Berücksichtigung der ökologischen, ökonomischen und sozialen Dimension.

Alle untersuchten Definitionen erfüllen demnach Teilkriterien, die für eine *nachhaltige Messe* relevant sind:

- Zum einen muss ein Bezug zum Veranstaltungsmanagement im Sinne der Umsetzung, Vermarktung und der erlebnisorientierten Funktion von Messen bestehen.
- Zum anderen müssen die ökologischen, ökonomischen und sozialen Dimensionen gleichermaßen berücksichtigt werden, da nur unter dieser Voraussetzung Nachhaltigkeit entsteht.[22]

Hierbei berücksichtigt die Definition der Autoren Christian Oblasser und Martina Riediger die aufgeführten Kriterien. Im Rahmen des Beitrags wurde diese Definition um die relevanten Akteure des Messewesens erweitert,[23] um so zu einer für die Messewirtschaft gültigen Begriffserklärung zu gelangen.

21 Oblasser & Riediger, 2015, S. 31.
22 Vgl. Kapitel 2.1 und Pufé, 2014, S. 104 f.
23 Vgl. Kapitel 2.2 und Witt, 2005, S. 6 ff.

2.2.2 Relevanz von Nachhaltigkeit in der deutschen MICE-Branche

Die Bundesregierung hat bereits mit dem „Klimaschutz 2020“ verabschiedet, dass zusätzlich zwischen 62 und 78 Millionen Tonnen CO_2 in Deutschland eingespart werden sollen.[24] Laut Aussage von Joachim König, dem Präsidenten des Europäischen Verbands der Veranstaltungs-Centren e. V. (EVVC) hat die Veranstaltungsbranche *„mit jährlich mehr als drei Millionen Veranstaltungen und über 370 Millionen Teilnehmern in Deutschland einen großen Einfluss auf die Umsetzung von Nachhaltigkeitsmaßnahmen.“*[25] Um das gesetzte Klimaziel tatsächlich zu erreichen, muss demnach auch die Messewirtschaft ihren Teil zum Klimaschutz beitragen.[26] Diese Aussage belegen auch die aktuellen Zahlen der Branchenstudie „Meeting- und Eventbarometer 2014“.[27] Laut dieser Studie sind sich 82 Prozent der Veranstaltungs-Anbieter und 66 Prozent der Veranstalter sicher, dass nachhaltige Komponenten besonders im Sinne von Reduktion und Kompensation der CO_2-Emission eine wichtige Rolle in der Zukunft der MICE-Branche spielen werden.[28]

Ein zusätzlicher Indikator für die Relevanz von Nachhaltigkeit in der Messewirtschaft ist die Bemühung der MICE-Branche einen einheitlichen Standard zum Thema Umweltschutz zu schaffen.[29] Der EVVC hat in Kooperation mit der *Green Globe Certification* die speziell auf die MICE-Branche angepasste *Green Globe Zertifizierung* erarbeitet. Neben dieser wurden noch weitere Zertifikate für nachhaltige Veranstaltungsstätten entwickelt. Hierzu zählen Eco-Management and Audit Scheme (EMAS), ISO/DIN 14001, ISO/DIN 20121, Green Meeting Standards, Ökoprofit, Global Compact und Sustainable Company.[30]

Des Weiteren wurde 2012 vom GCB und EVVC der Nachhaltigkeitskodex der deutschsprachigen Veranstaltungsbranche unter dem Namen „fairpflichtet“

24 Vgl. BMU, 2014.
25 DGNB, 2015, S. 23.
26 Vgl. BMU, 2014; Lucas, et al., 2007, S. 3 ff; Oblasser & Riediger, 2015, S. 16 f; Schreiber, 2012, S. 188 f.
27 Auftraggeber der Studie ist der Europäische Verband der Veranstaltungs-Centren e.V. (EVVC), das German Convention Bureau e.V. (GCB) und die Deutsche Zentrale für Tourismus e.V. (DZT).
28 Vgl. EITW, S. 33 f.
29 Vgl. Schreiber, 2012, S. 189 f.
30 Vgl. Oblasser & Riediger, 2015, S. 64 ff.

initiiert. Hierbei handelt es sich um das Bekenntnis, sich verantwortungsvoll bei der Organisation und Durchführung von Veranstaltungen im Sinne des Drei-Säulen-Modells[31] zu verhalten.[32]

Ein weiterer Aspekt zur Relevanz von Nachhaltigkeit sind die nationalen und internationalen Konferenzen auf denen sich Initiativen und Gremien aus der Branche mit dem Nachhaltigkeitsthema befassen. Zum Beispiel initiierte das GCB 2015 bereits die dritte „greenmeetings & events“ Fachkonferenz. Außerdem förderte das GCB in Zusammenarbeit mit der Deutschen Bundesstiftung Umwelt für ca. 340 Veranstaltungsplaner die „Weiterbildung zum Nachhaltigkeitsbeauftragten in der Veranstaltungsbranche“. Das GCB hat diesbezüglich bereits eine Fortsetzung der Seminare unter dem Begriff „Nachhaltigkeitsberater 2.0“ entwickelt.[33] Darüber hinaus hat das GCB in Kooperation mit dem Klimaschutz-Beratungsunternehmen CO_2OL einen CO_2-Rechner auf ihrer Website installiert.[34]

Des Weiteren nimmt die Präsenz von nachhaltigen Messen und Veranstaltungen in den öffentlichen und veranstaltungsspezifischen Medien zu. Beispielsweise wurde der „Eurovision Song Contest 2015“ mehrmalig in den Medien als *Green Event* publiziert und die Umsetzung als Vorzeigeprojekt deklariert.[35] Ein weiteres Beispiel ist das Onlineportal der Messewirtschaft „MICE-Club“, welches eine eigene Ausgabe speziell zur Corporate Responsibility eröffnet hat.[36] Auch der FAMAB AWARD, der vom Verband Direkte Wirtschaftskommunikation e.V. (FAMAB) jährlich initiiert wird, hat 2015 eine neue Kategorie im Bereich der Nachhaltigkeit „Best Sustainable Process“ ins Leben gerufen. Darüber hinaus wurde im Februar 2015 zum zweiten Mal der „Meeting Experts Green Award“ in den Kategorien Energiemanagement/Ressourcenschonung, nachhaltige Veranstaltungen, nachhaltiges Veranstaltungszentrum/Location/Hotel und nachhaltiges

31 Vgl. Kapitel 2.1.
32 Vgl. GCB, 2012; Oblasser & Riediger, 2015, S. 60 ff.
33 Vgl. GCB, o. J.; Schreiber, 2012, S. 188.
34 Vgl. ebd., S. 188.
35 Vgl. Green Music Initiative, 2015; Horacek, 2015; MICE Club & Brehm, 2015.
36 Vgl. MICE-Club, 2014.

Personalmanagement verliehen.[37] Auch die EXPO 2015 in Mailand steht mit ihrem Thema „Feeding the Planet, Energy for Life“ im Zeichen der Nachhaltigkeit. Dies spiegelt ebenfalls der „German Pavilion“ durch sein Motto „Fields of Ideas“ sowie seine Architektur und die inhaltlichen Lösungsansätze zur zukünftigen Ernährung wieder.[38] Weiterhin wird ebenfalls die Weltausstellung EXPO 2017 in Kasachstan mit dem Thema „Future Energy: Action for Global Sustainability“ mit einem nachhaltigen Thema weitergeführt.[39]

2.2.3 Beweggründe für die Implementierung von Nachhaltigkeit bei Messen

Bei der Planung, Organisation, Durchführung und Nachbereitung von Messen werden ökonomische, psychologische, ökologische und soziale Ziele angestrebt.[40] Es stellt sich die Frage, inwieweit die Ziele eines Messeveranstalters durch eine nachhaltig umgesetzte Messe positiv beeinflusst werden können? Aus diesem Grund werden nachfolgend die Ziele einer Messe erläutert und darauf eingegangen, wie diese durch eine nachhaltig organisierte und durchgeführte Messe unterstützt werden können.

- Zu den *psychologischen Zielen* einer Messe zählt die Image- und Bekanntheitssteigerung, Bestandskundenpflege oder Neukundengewinnung sowie Mitarbeitermotivation.[41] Da es sich bei der Kernleistung von Messeveranstaltern um immaterielle Dienstleistungen handelt,[42] kommt es besonders darauf an, Vertrauen in die Produkt- und Servicequalität sowie in die Organisationskompetenz des Messeteams aufzubauen.[43] Hierzu können „vorgelebte“ Nachhaltigkeitsaktivitäten einen wesentlichen Beitrag leisten, da diese als Vorbilder fungieren und sich positiv auf das Image und die Bekanntheit der Messe auswirken. Weiterhin kann eine nachhaltig orga-

37 Vgl. König, 2015, S. 33.
38 Vgl. Messe Frankfurt Exhibition GmbH, 2015.
39 Vgl. EXPO 2017, 2015.
40 Vgl. Robertz, 1999, S. 7 ff.
41 Vgl. Vgl. Goschmann, 2013, S. 137 ff. Vgl. Delfmann & Arzt, 2005, S. 133.
42 Vgl. Kapitel 2.2.1.
43 Vgl. Jedrowiak, 2005, S. 253 ff.

nisierte Messe ihren allgemeinen Wert und ihre Anerkennung steigern. Außerdem können nachhaltigkeitsorientierte Shareholder- und Kundenwünsche befriedigt und die Abwanderung von bestehenden Kunden und Mitarbeitern vermieden werden bzw. eine Kundengewinnung erfolgen.[44]

- Die *ökologischen Ziele* einer Messe definieren sich in Erhalt und Schonung natürlicher Ressourcen für zukünftige Generationen vor, während und nach der Messe.[45] Dies kann u. a. durch umweltfreundliche Beschaffung von Produkten und Dienstleistungen oder durch die Wahl eines umweltfreundlichen und energieeffizienten Veranstaltungsortes, realisiert werden.[46]

- Zu den *sozialen Zielen* einer Messe gehört die Erschaffung eines Mehrwertes, welcher der Gemeinschaft dient, die regionale Bevölkerung in die Organisation einbezieht und ein faires, ethisches Handeln sowie die Einhaltung von Compliance-Richtlinien in Verbindung mit sozialen Aspekten berücksichtigt.[47] Hierbei ist anzumerken, dass die soziale Nachhaltigkeit über gesetzliche Richtlinien hinausgeht. Dies beinhaltet u. a. eine faire Mitarbeiterentlohnung, Gesundheitsförderung, Fortbildungschancen und die Achtung der menschlichen Würde.[48] Darüber hinaus wurde nachgewiesen, dass die Implementierung von Nachhaltigkeitsaktivitäten in Unternehmen die Attraktivität als Arbeitgeber für hochqualifizierte und innovative Arbeitskräfte steigert, da Nachhaltigkeit einen wachsenden Stellenwert in der Gesellschaft einnimmt.[49]

---

44 Vgl. Kuhlen, 2005, S. 10.
45 Vgl. Oblasser & Riediger, 2015, S. 33.
46 Vgl. Goschmann, 2013, S. 137 ff. Vgl. Delfmann & Arzt, 2005, S. 133.
47 Vgl. Oblasser & Riediger, 2015, S. 33.
48 Vgl. Prexl, 2010, S. 101 f; Pufé, 2014, S. 107 f; 4 Managers, 2014; Colsman, 2014, S. 2 ff.
49 Vgl. Brugger, 2010, S. 26 f.

- Zu den *ökonomischen Zielen* einer Messe gehört die betriebswirtschaftlich betrachtete erfolgreiche Durchführung einer Messe.[50] Zu erfüllende Ziele sind hierbei u. a. Gewinnmaximierung, Verbesserung der Wettbewerbspositionierung, Kostensenkung oder der Erhalt unternehmerischer Investitionsfähigkeit, unter Berücksichtigung wirtschaftlich eingesetzter Ressourcen.[51] Zum einen können bei einer nachhaltigen Messe Kostensenkungspotentiale durch die effiziente Nutzung von vorhandenen Ressourcen und durch Sparmaßnahmen ausgeschöpft werden.[52] Zum anderen kann die Investition in eine nachhaltige Messe Vorteile im Wettbewerb erzielen. Durch soziale und ökologische Aspekte, verbunden mit der Erreichung von finanziellen Zielen, wie die Kostenersparnis, und psychologischen Ziele, wie u. a. Imagesteigerung, kann sich eine nachhaltige Messe gegenüber Konkurrenzveranstaltungen profilieren. Dies steigert die Wettbewerbsfähigkeit und -positionierung der Messe und erhöht wiederum ihren Marktanteil.[53]

50 Vgl. Oblasser & Riediger, 2015, S. 33.
51 Vgl. Goschmann, 2013, S. 137 ff. Vgl. Delfmann & Arzt, 2005, S. 133.
52 Vgl. Brugger, 2010, S. 26 f.
53 Vgl. Neureiter, 2004, S. 44; Brugger, 2010, S. 27 f.

2.2.4 Kurzdarstellung der 10 Handlungsfelder des BMU-Leitfadens

Bei der Konzeption, Planung, Durchführung sowie Nachbereitung einer nachhaltigen Messe bieten sich verschiedene Kriterien zur Umsetzung an.[54] Wie bereits in Kapitel 2.2.2 beschrieben, ist dem Thema Nachhaltigkeit in den letzten Jahren eine hohe Relevanz in der MICE-Branche zugekommen. Aus diesem Grund haben verschiedene Organisationen und Institutionen die aus ihrer Sicht zu erfüllenden Kriterien in Leitfäden oder Checklisten niedergeschrieben. Eine übersichtlich strukturierte und umfangreiche Sammlung dieser Kriterien wird von dem Bundesministerium für Umwelt, Naturschutz, Bau und Reaktorsicherheit (BMU) bereitgestellt.[55] In diesem Leitfaden werden in zehn Handlungsfeldern insgesamt 144 Kriterien und Handlungsempfehlungen für eine nachhaltige Veranstaltung aufgelistet.[56] Um einen Einblick in die Struktur und die jeweiligen Ziele der Handlungsfelder zu erhalten, folgt nachstehend eine Kurzdarstellung des BMU-Leitfadens.

54 Vgl. Robertz, 1999, S. 7 ff.
55 Vgl. BMU, 2009.
56 Vgl. BMU, 2009; Oblasser & Riediger, 2015, S. 34 f.

1. Mobilität

- **Beschreibung:** Umfasst alle Wege, die vor, während und nach einer Veranstaltung sowohl von den Teilnehmern als auch von den Organisatoren, Dienstleistern und Stakeholdern zurückgelegt werden.
- **Ziel**: Reduzierung der verkehrsinduzierten Umweltbelastung und die Klimaneutralstellung der veranstaltungsbedingten Reisetätigkeiten.

2. Veranstaltungs-ort & Unterbringung der Teilnehmer

- **Beschreibung:** Überprüfung von Veranstaltungsorte, wie Eventlocations, Konferenzen, Kongresszentren, Messegelände, temporäre Bauten und außergewöhnliche Veranstaltungsorte. Außerdem gilt es gastronomische Betriebe auf Ihre Bemühunge, eine nachhaltige Veranstaltung stattfinden zu lassen zu prüfen.
- **Ziel**: Größtmögliche Vermeidung von Umweltbelastungen und die Vermittlung von regionalen Besonderheiten an die Teilnehmer.

3. Energie & Klima

- **Beschreibung:** Umweltfreundliche Temperaturanpassung von Hotel- und Veranstaltungsgebäuden. Weiterhin sollten energiesparenderKonferenz-, Ton-, sowie Beleuchtungs- und Medientechnik eingesetzt werden.
- **Ziel**: Reduzierung des veranstaltungsbezogenen Energieverbrauchs und Kompensation veranstaltungsbedingter Treibhausgas-Emissionen.

4. Beschaffung von Produkten & Dienstleistungen

- **Beschreibung:** Beschaffung umweltfreundlicher Produkte und Dienstleistungen, welche ethisch hergestellt und fair gehandelt und durchgeführt werden.
- **Ziel:**Beachtung von Umweltbelangen bei allen Beschaffungsvorgängen von Produkten und Dienstleistungen.

5. Catering

- **Beschreibung:** Umfasst die nachhaltige Verpflegung der Teilnehmer einer Veranstaltung, sowie die Beschaffung von Lebensmitteln und das damit verbundene Transportaufkommen.
- **Ziel:**Berücksichtigung sozialer, ökologischer und ökonomischer Aspekte in Verbindung mit der Verpflegung der Teilnehmer, bei der Beschaffung von Lebensmitteln und das damit verbundene Transportaufkommen und beim Umgang mit dem Personal.

6. Abfall-management

- **Beschreibung:** Berücksichtigung von Mülltrennung, Recycling und Abfallvermeidung.
- **Ziel:** Abfallvermeidung bzw. Reduktion des Abfallaufkommens, Einsatz ökologisch vorteilhafter Verpackungen z. B. durch Mehrweg sowie Eindämmung der speziell bei Konferenzen und Messen entstehenden „Papierflut".

7. Umgang mit Wasser

- **Beschreibung:** Schutz der Ressource Wasser durch Senkung der Abwasserbelastung sowie ein verantwortungsvoller Umgang mit Trinkwasser.
- **Ziel:** Schonung der Ressource Wasser.

8. Werbemittel

- **Beschreibung:** Auswahl von Werbemitteln und -geschenken, die im Rahmen von Veranstaltungen benötigt und verteilt werden.
- **Ziel:** Werbemittelherstellung unter anspruchsvollen Umwelt- und Sozialstandards, die eine hohe Qualität, Langlebigkeit, Wiederverwertbarkeit, eine Produktion unter fairen Arbeitsbedingungen sowie eine umweltgerechte und sozialverträgliche Anlieferung gewährleisten.

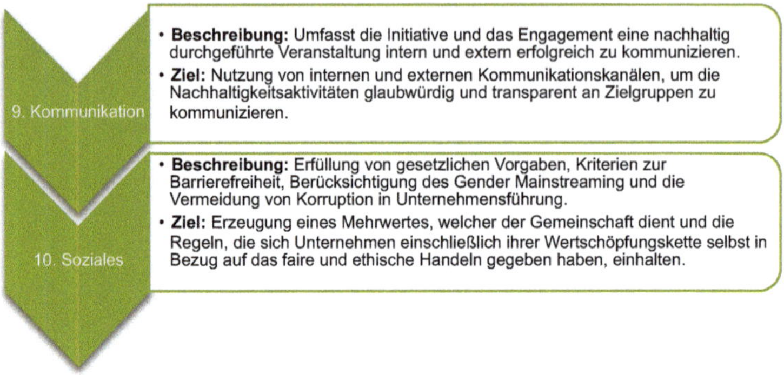

Abbildung 3: Kurzdarstellung der zehn Handlungsfelder des BMU-Leitfadens
Quelle: Eigene Darstellung. Inhalte aus BMU, 2009, S. 7-18; Oblasser & Riediger, 2015, S. 36-45.

2.3 Adaptierung des Drei-Säulen-Modells auf nachhaltige Messen

Die erarbeiteten Erkenntnisse aus den vorherigen Kapiteln werden im Folgenden auf das im Kapitel 2.1 dargestellte *Drei-Säulen-Modell der Nachhaltigkeit* adaptiert. Hierdurch wird im Rahmen dieses Beitrags ein speziell für *nachhaltige Messen* entwickeltes Nachhaltigkeitsmodell erarbeitet.

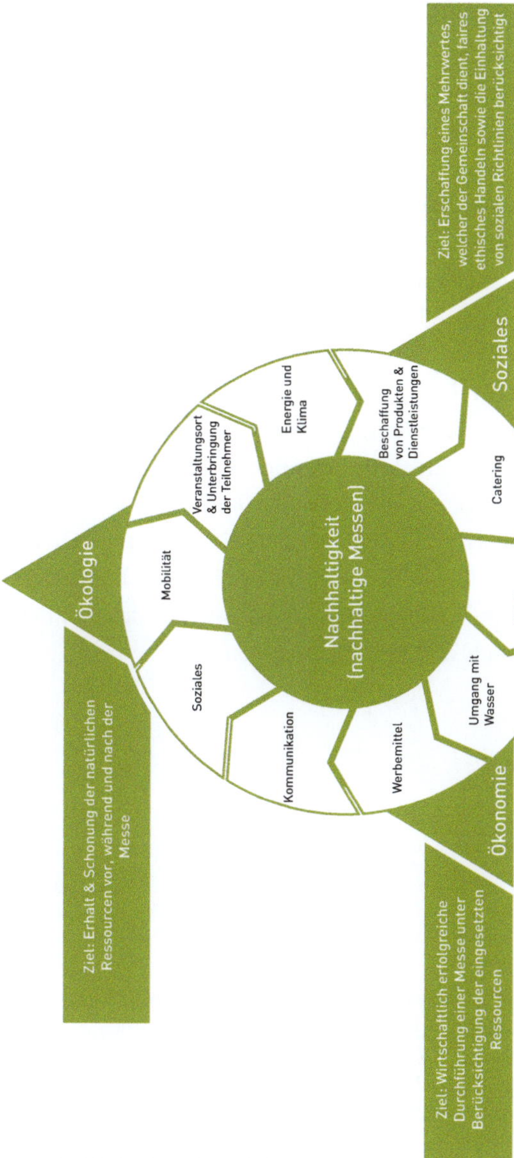

Abbildung 4: Das Nachhaltigkeitsdreieck für Messen

Auf der Suche nach einer *ganzheitlichen Betrachtungsweise* der Nachhaltigkeit wurde das Drei-Säulen-Modell vom Forschungszentrum Karlsruhe zum Nachhaltigkeitsdreieck weiterentwickelt.[57] Im Vergleich zum vorherigen Drei-Säulen-Modell werden in dieser weiterentwickelten Darstellung die vorher isoliert betrachteten Säulen miteinander verbunden.[58] Das gleichschenklige Dreieck verdeutlicht, dass die drei Nachhaltigkeitsdimensionen nicht als starre Säulen, gesondert voneinander betrachtet werden dürfen, sondern ineinander wirkende Bereiche darstellen und gegenseitig Synergien erzeugen.[59] Somit entsteht *Nachhaltigkeit* nur unter der Voraussetzung, dass die ökologische, ökonomische und soziale Dimension gleichberechtigt berücksichtigt werden und ineinander greifend ein *gemeinsames Ganzes* ergeben.[60]

Außerdem wurden die Beweggründe und Ziele von nachhaltigen Messen aus Kapitel 2.2.3 auf die jeweiligen Dimensionen der Nachhaltigkeit adaptiert und den zugehörigen Nachhaltigkeitsdimensionen zugeordnet.[61] Weiterhin wurde das Nachhaltigkeitsdreieck um die zehn Handlungsfelder des BMU-Leitfadens aus Kapitel 2.2.4 erweitert.[62] Sie sind um den Mittelpunkt des Dreiecks angeordnet und umkreisen den Begriff der Nachhaltigkeit. Diese Positionierung zeigt, dass die zehn Handlungsfelder als Maßnahmen zwischen den drei Dimensionen und der Entstehung von Nachhaltigkeit fungieren.

57 Vgl. Jörissen, Brandl, Kopfmüller, & Paetau, 2000.
58 Vgl. Pufé, 2014, S. 120 f.
59 Vgl. Hauff & Jörg, 2013, S. 11 f; Pufé, 2014, S. 122 f.
60 Vgl. Oblasser & Riediger, 2015, S. 32 f; Pufé, 2014, S. 120 f; Kleine, 2009, S. 8 ff.; Hauff, Nachhaltige Entwicklung: Grundlagen und Umsetzung, 2014, S. 125 ff.
61 Vgl. Kapitel 2.2.3.
62 Vgl. Kapitel 2.2.4.

3 Nachhaltigkeits-Marketing

3.1 Grundlagen des Nachhaltigkeits-Marketings

3.1.1 Begriffsabgrenzung und Definition des Nachhaltigkeits-Marketings

In diesem Beitrag wird bewusst die Bezeichnung *Nachhaltigkeits-Marketing* verwendet und vom Begriff des *nachhaltigen Marketings* abgegrenzt. Die Begrifflichkeit *nachhaltiges Marketing* zielt auf die andauernde Wirkung der Marketinginstrumente ab, ohne dabei die ökologische und soziale Dimension zu berücksichtigen.[63] Im Gegensatz dazu umfasst *Nachhaltigkeits-Marketing* die Vermarktung von nachhaltigkeitsorientierten Produkten oder Dienstleistungen unter der Berücksichtigung der ökologischen, ökonomischen und sozialen Dimension.[64]

Aufgrund der *ganzheitlichen Betrachtungsweise* der Nachhaltigkeitsdimensionen im Sinne des Nachhaltigkeitsdreiecks[65] sowie der Berücksichtigung der organisatorischen Aspekte der Marketing-Planung und der zusätzlichen Bedürfnisbefriedigung von Bestandskunden und potentiellen Kunden, wird im Folgenden das Nachhaltigkeits-Marketing nach der Definition von Manfred Kirchgeorg angewendet.

> *„Nachhaltigkeits-Marketing setzt die Einbeziehung ökologischer und sozialer Ziele bei der Gestaltung von Markttransaktionen voraus. Es umfasst die Planung, Koordination, Durchsetzung und Kontrolle aller markt- und nichtmarktbezogenen Transaktionsaktivitäten zur Vermeidung oder Verringerung ökologischer und sozialer Probleme, um über eine dauerhafte Befriedigung der Bedürfnisse aktueller und potentieller Kunde, unter Ausnutzung von Wettbewerbsvorteilen und bei Sicherung der gesellschaftlichen Legalität die angestrebten Unternehmensziele zu erreichen.“*[66]

63 Vgl. Belz & Bilharz, 2005, S. 25 f; Kirchgeorg & et al, 2003, S. 385 f.
64 Vgl. Kapitel 2.1.
65 Vgl. Kapitel 2.3.
66 Kirchgeorg, 2002, S. 7.

3.1.2 Dreieck des Nachhaltigkeits-Marketings

Um auf den Planungsansatz aus der Definition von Kirchgeorg im Detail einzugehen, werden in der folgenden Darstellung die drei wesentlichen Schritte zur Vorgehensweise des Nachhaltigkeits-Marketings erläutert.

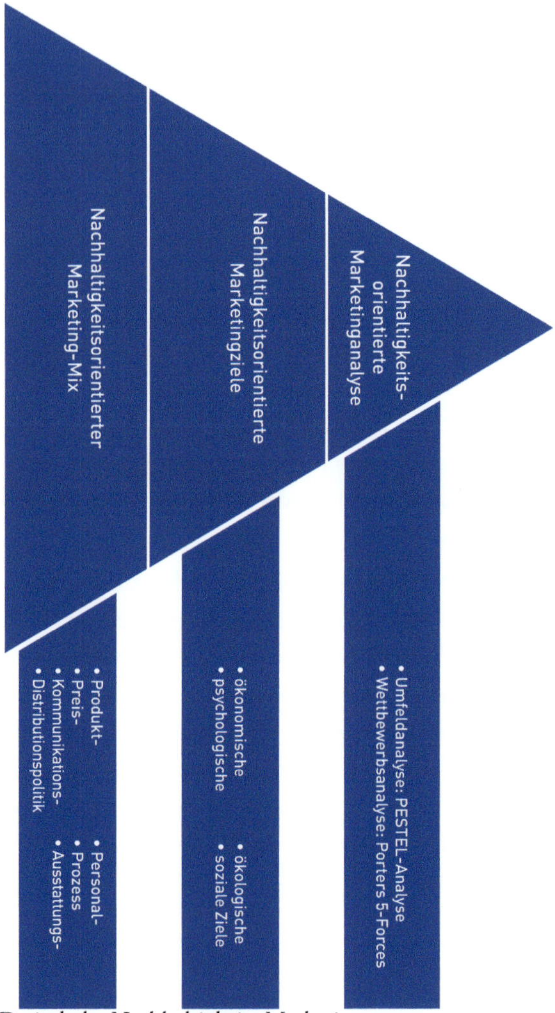

Abbildung 5: Dreieck des Nachhaltigkeits-Marketings

Zuerst wird eine *nachhaltigkeitsorientierte Marketinganalyse* durchgeführt. Hierbei ist das Ziel das Umfeld sowie den Wettbewerb des Untersuchungsobjektes nach ökologischen, ökonomischen und sozialen Aspekten zu analysieren. Wie in dem folgenden Kapitel beschrieben wird, eignet sich zur nachhaltigkeitsorientierten Analyse des Umfeldes die PESTEL-Analyse und zur Erforschung des Wettbewerbs das 5-Forces-Modell nach Porter.[67] Der zweite Schritt befasst sich mit den *nachhaltigkeitsorientierten Marketingzielen*. Dabei ist entscheidend, dass die klassischen Marketingziele, die aus ökonomischen und psychologischen Zielen bestehen, um die ökologischen und sozialen Ziele erweitert werden.[68] Der dritte und letzte Schritt basiert auf den Ergebnissen der vorherigen Schritte.[69] Sofern hierbei Potential für eine nachhaltige Messe zu erkennen ist, werden anhand der Marketinginstrumente des *nachhaltigkeitsorientierten Marketing-Mix* individuelle Vermarktungsmaßnahmen erstellt.

3.2 Nachhaltigkeitsorientierte Marketinganalyse

3.2.1 Nachhaltigkeitsorientierte Umfeldanalyse: PESTEL-Analyse

Die PESTEL-Analyse ist ein Instrument zur externen Umfeldanalyse.[70] Ziel der PESTEL-Analyse ist es, anhand der Einflussfaktoren für das Untersuchungsobjekt relevante Trends zu finden, die Entwicklung der Trends zu prognostizieren und deren mögliche Auswirkung auf das Untersuchungsobjekt zu bewerten.[71] *PESTEL* ist das englische Akronym für politische (political), ökonomische (economic), sozio-kulturell (social), technologische (technological), ökologische (ecological) und rechtliche (legal) Einflussfaktoren. Die einzelnen Ausprägungen der Einflussfaktoren werden in der folgenden Darstellung erläutert.

Die Anwendung der PESTEL-Analyse als Umfeldanalyse begründet sich in diesem Beitrag in der Berücksichtigung der ökonomischen, ökologischen und sozialen Dimensionen. Da diese Dimensionen ebenfalls in der gewählten Definition

67 Vgl. Kapitel 3.2.
68 Vgl. Kapitel 3.3.
69 Vgl. Kapitel 3.4.
70 Vgl. Michel, 2012, S. 57 f.
71 Vgl. Krupp, 2013, S. 71 f.

von Nachhaltigkeit basierend auf dem Drei-Säulen-Modell vorhanden sind, eignet sich die PESTEL-Analyse als nachhaltigkeitsorientierte Umfeldanalyse einer Messe.[72]

PESTEL-Analyse[73]

(P) Politik
Zu den politischen Faktoren zählen u. a. Arbeitskräftetransfers, politische Stabilität, Sicherheitsvorgaben und Subventionen.

(E) Ökonomie
Zu den wirtschaftlichen Faktoren zählen Wirtschaftswachstum, Arbeitslosigkeit, Inflation, Zinsen, Besteuerungen und Wechselkurse.

(S) Sozio-kulturell
Die sozio-kulturellen Einflussfaktoren berücksichtigen Einkommensverteilungen, Lebensstil, Demographie, Mobilität, Bildungsniveau und Konsumentenverhalten.

(T) Technologie
Die Technologie umfasst Forschung und Entwicklung von Produkten oder Dienstleistungen, Innovationen und Lebenszyklen.

(E) Ökologie
Zu den Umweltfaktoren zählen Ressourcenverfügbarkeit, Energie- und Wasserversorgung, Abfallvermeidung oder Emissions- und Immissionsverursachung.

(L) Rechtlich
Die rechtlichen Faktoren befassen sich mit Gesetzgebungen, Steuerrichtlinien und Wettbewerbsaufsicht.

---

72 Vgl. Kapitel 2.1.
73 Johnson, Scholes, & Whittington, 2011, S.80.

3.2.2 Nachhaltigkeitsorientierte Wettbewerbsanalyse: „Porters 5-Forces“

Für eine vollständige Marketinganalyse ist neben der Umfeldanalyse ebenfalls eine Wettbewerbsanalyse in Bezug auf die Messe durchzuführen.[74] Ein häufig verwendetes Instrument dafür ist das „5-Forces-Modell“ von Michael E. Porter.[75] Dieses zeigt eine ganzheitliche Betrachtung der fünf Wettbewerbskräfte: Wettbewerber, potentielle Wettbewerber, Lieferanten und Dienstleister, Kunden und Substitutionsprodukte.[76] Im Folgenden werden diese fünf Wettbewerbskräfte auf die speziellen Anforderungen des Messewesens angepasst:

- *Wettbewerber in der Branche:* Die Konkurrenz zwischen den bestehenden Messeveranstaltern ist abhängig von Faktoren wie Marktvolumen und Marktwachstum. Generell gilt hierbei, dass die Gewinne der Veranstalter mit zunehmender Konkurrenz abnehmen können.[77]

- *Potentielle neue Veranstalter im Wettbewerb:* Der Konkurrenzkampf entwickelt sich nicht nur zwischen den bereits bestehenden Messeveranstaltern, sondern wird häufig durch einen neuen Markteinsteiger ausgelöst. Somit gilt es potentielle Konkurrenten zu identifizieren und mögliche Auswirkungen auf den Wettbewerb und die eigene Messe zu prognostizieren.[78]

- *Lieferanten und Dienstleister:* Hierzu gehören in der Messewirtschaft Catering-Unternehmen, Messebauer, Veranstaltungstechnikfirmen und weitere Dienstleister. Es gilt zu untersuchen, welche Verhandlungsstärke zwischen den Dienstleistern und dem Messeveranstalter besteht. Dies kann z. B.

74 Vgl. Runia, Wahl, Geyer, & Thewißen, 2007, S. 51 ff.
75 Vgl. Johnson, Scholes, & Whittington, 2011, S. 86 ff; Krupp, 2013, S. 73 ff; Michel, 2012, S. 44 ff; Runia, Wahl, Geyer, & Thewißen, 2007, S. 51 ff; Delfmann & Arzt, 2005, S. 122 ff; Porter, 1980, S. 14.
76 Vgl. Delfmann & Arzt, 2005, S. 122 f.
77 Vgl. Vgl. Johnson, Scholes, & Whittington, 2011, S. 86 ff; Krupp, 2013, S. 73 ff; Michel, 2012, S. 44 ff; Runia, Wahl, Geyer, & Thewißen, 2007, S. 51 ff; Delfmann & Arzt, 2005, S. 122 ff.; Vgl. Runia, Wahl, Geyer, & Thewißen, 2007, S. 66 f.
78 Vgl. edb.

über die Bedeutung des Auftragsvolumens für den Lieferanten prognostiziert werden. Basierend auf diesem Ergebnis entscheidet der Veranstalter, ob er die benötigten Leistungen von einem anderen Lieferanten beziehen sollte, Insourcing betreibt oder das bestehende Verhältnis ausbaut.[79]

- *Kunden:* Aussteller und Besucher bilden die Kernzielgruppe von Messeveranstaltern und entscheiden im Wesentlichen über Erfolg oder Misserfolg eines Messe-Konzeptes. Zum einen tragen Aussteller zum Erscheinungsbild einer Messe bei. Zum anderen ist die Qualität und Quantität der Besucher wiederum für die Aussteller ausschlaggebend und umgekehrt ist die Qualität der Aussteller für die Besucher entscheidend.[80]

- *Substitutionsprodukte:* Unter Substitutionsprodukten sind Produkte und Dienstleistungen zu verstehen, welche die gleichen Funktionen wie das Untersuchungsobjekt erfüllen. In Bezug auf Messen handelt es sich hierbei u. a. um Roadshows, Events und Hausmessen. Des Weiteren muss sich das Kommunikationsinstrument Messe gegen alternative Marketinginstrumente beweisen.[81]

3.3 Nachhaltigkeitsorientierte Marketingziele

Vor der Implementierung eines Vermarktungsmodells im Sinne des Nachhaltigkeits-Marketings müssen differenzierte *Marketingziele* festgelegt werden.[82] Diese nachhaltigkeitsorientierten Ziele sollten wiederum auf den ökonomischen Zielen des Messeveranstalters sowie den Einflüssen der Umwelt, den Wünschen der Kunden und dem sozialen Engagement des Messeveranstalters basieren.[83] Weiterhin gilt es diese Ziele durch auf die Messe abgestimmte Anwendung des Marketing-Mix zu erreichen.[84] Um eine Operationalisierung und Vergleichbar-

79 Vgl. edb.
80 Vgl. edb.
81 Vgl. edb.
82 Vgl. Runia, Wahl, Geyer, & Thewißen, 2007, S. 66 f.
83 Vgl. Balerjahn, 2004, S. 58 ff.
84 Vgl. Kirchgeorg & et al, 2003, S. 385 f.

keit des Erfolges der nachhaltigkeitsorientierten Marketingaktivitäten zu gewährleisten, müssen die Ziele in Bezug auf Zielinhalt, Zielausmaß und Zeitbezug eindeutig und präzise formuliert und im Vorhinein festgelegt werden.[85] Hierbei gilt die SMART-Regel: Ziele müssen spezifisch, messbar, akzeptiert, realistisch und terminiert definiert werden. Sie sind mittel- bis langfristig zu planen und sollten sich an die spezifischen Zielgruppen der Messe anpassen.[86]

Grundsätzlich wird bei Marketingzielen in der Literatur zwischen ökonomischen und psychologischen Zieldimensionen unterschieden.[87]

- Die *psychologische Zieldimension* befasst sich mit der Veränderung von Einstellungen, Meinungen und Kenntnissen der Zielgruppen.[88] Hierbei handelt es sich um die Steigerung des Bekanntheitsgrades, Imageverbesserung, Kontaktpflege der Bestandskunden und Neukundengewinnung sowie Mitarbeitermotivation.[89]

- Die *ökonomische Zieldimension* fokussiert sich auf die Steigerung von ökonomischen Erfolgsgrößen.[90] Ein Vorteil der ökonomischen Ziele ist die unkomplizierte und eindeutige Operationalisierung und Vergleichbarkeit der festgelegten Ziele anhand von Kennzahlen.[91] Kritisch hierbei ist, dass die ökonomischen Ziele lediglich mittel- bis langfristig angewendet werden

85 Vgl. Becker, 2006, S. 16 und 25; Dichtl, Nieschlag, & Hörschgen, 2002, S. 165.
86 Vgl. Bruhn, 2015, S. 61 ff.
87 Vgl. Runia, Wahl, Geyer, & Thewißen, 2007, S. 66 ff; Bruhn, 2015, S. 50 ff; Becker, 2006, S. 60 ff; Kotler, Armstrong, Wong, & Saunders, 2011, S. 160 ff; Lucas & Wilts, 2004, S. 16 f.
88 Vgl. Bruhn, 2015, S. 62.
89 Vgl. Runia, Wahl, Geyer, & Thewißen, 2007, S. 66 ff; Bruhn, 2015, S. 50 ff; Becker, 2006, S. 60 ff; Kotler, Armstrong, Wong, & Saunders, 2011, S. 160 ff; Lucas & Wilts, 2004, S. 16 f.
90 Vgl. Bruhn, 2015, S. 50 ff; Becker, 2006, S. 60 ff; Kotler, Armstrong, Wong, & Saunders, 2011, S. 160 ff; Meffert, Burmann, & Kirchgeorg, 2015, S. 236 f.
91 Vgl. Bruhn, 2015, S. 94 f.

können. Sie benötigen demnach auf kurzfristige Sicht psychologische Zielvorgaben als Zwischengrößen.[92]

Da sich dieser Beitrag jedoch auf eine nachhaltige Messe im Sinne des *Nachhaltigkeits-Marketings* fokussiert, muss die ökonomische und psychologische Dimension um die soziale und ökologische Zieldimension erweitert werden.[93]

- Bei der *ökologischen Zieldimension* wird ein schonender Umgang mit Umwelt, Natur und den vorhandenen Ressourcen angestrebt, von der wiederum nachfolgende Generationen profitieren.[94] Des Weiteren ist eine Kommunikation der erreichten ökologischen Marketingziele und durchgeführten Maßnahmen anzustreben. Hiermit können wiederum kurz- bis mittelfristig psychologische Marketingziele, wie Imagesteigerung erzielt werden.[95]

- Die *soziale Zieldimension* befasst sich mit der Erschaffung eines Mehrwertes für die Gesellschaft.[96] Hierzu zählt die Erzeugung von Transparenz und Glaubwürdigkeit, die Ermöglichung zur Beteiligung der Öffentlichkeit, die Achtung der Menschenrechte, der Gesundheitsschutz und Motivation der Mitarbeiter sowie ein faires ethisches Handeln.[97] Auch bei Erreichung der sozialen Marketingziele ist zu beachten, dass wiederum kurz- bis mittelfristig psychologische und somit langfristig ökonomische Marketingziele erreicht werden können.[98]

92 Vgl. Meffert, Burmann, & Kirchgeorg, 2015, S. 95 ff; Bruhn, 2015, S. 96 f.
93 Vgl. Balerjahn, 2004, S. 59 ff.
94 Vgl. 4 Managers, 2014; Balerjahn, 2004, S. 9 ff; Kleine, 2009, S. 7.
95 Vgl. Balerjahn, 2004, S. 59 ff.
96 Vgl. ebd., S. 33.
97 Vgl. Prexl, 2010, S. 101 f; Pufé, 2014, S. 107 f; 4 Managers, 2014; Colsman, 2014, S. 2 ff.
98 Vgl. Balerjahn, 2004, S. 60 f.

3.4 Der nachhaltigkeitsorientierte Marketing-Mix

Da das Geschäftsfeld der Messewirtschaft im Dienstleistungssektor angesiedelt ist,[99] wird dieses durch insgesamt sieben Marketinginstrumente beeinflusst.[100] Dies begründet sich darin, dass immaterielle Leistungen anders vermarktet werden müssen als herkömmliche Produkte.[101] Grund hierfür ist die Tatsache, dass die Qualität der Dienstleistung zum wesentlichen Teil vom Personal, dem Ablauf und der Ausstattung des sichtbaren Umfeldes abhängt.[102]

Die sieben Marketinginstrumente werden nachstehend wiederum mit den in Kapitel 2.1 erarbeiteten Dimensionen der Nachhaltigkeit verknüpft. Die folgende Darstellung visualisiert die Erweiterung des nachhaltigkeitsorientierten Marketing-Mix und beinhaltet zugleich die Kernaufgaben der jeweiligen sieben Marketinginstrumente.

99 Vgl. Kapitel 2.2.1.
100 Vgl. Kramer & Somrau, 2014, S. 30 f.
101 Vgl. Bruhn, Meffert, & Hadwich, 2015, S. 44 ff.
102 Vgl. Pepels, 2004, S. 357 ff.

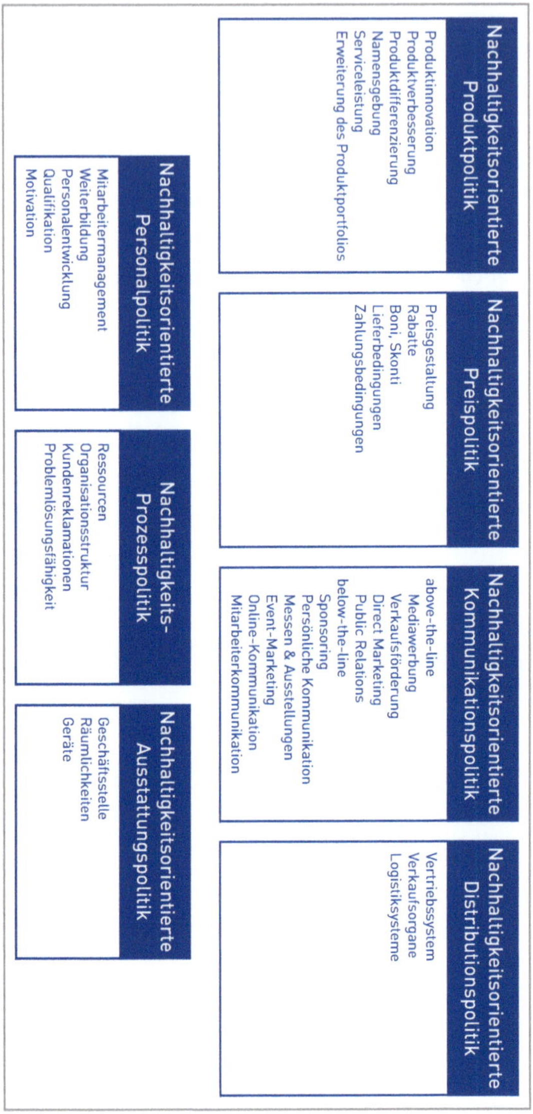

Abbildung 6: Der nachhaltigkeitsorientierte Marketing-Mix
Quelle: Eigene Darstellung in Anlehnung an Bruhn, Meffert, & Hadwich, 2015, S. 30.

Da die detaillierte Auseinandersetzung mit den sieben Marketinginstrumenten eine relevante Grundlage für die Erstellung des Vermarktungsmodells darstellt, wird nachstehend näher auf die einzelnen Instrumente eingegangen.

3.4.1 Nachhaltigkeitsorientierte Produktpolitik

Grundlegendes Ziel der Produktpolitik ist es die Bedürfnisse der Kunden mit dem unternehmerischen Angebot zu befriedigen.[103] Ändern sich die Kundenbedürfnisse in einer Branche hin zu nachhaltigkeitsorientierten Produkten und Dienstleistungen, muss die Produktpolitik entsprechend angepasst werden.[104] *„Als Produkt gilt im Folgenden jede marktfähige Leistung, unabhängig davon, ob diese in materieller Form, als virtuelle Information oder Dienstleistung erfolgt.*"[105] Bei einer nachhaltigen Messe umfasst das Produkt somit die Messe an sich, die Raum- bzw. Geländevermietung sowie das Angebot der zur Verfügung gestellten Beratungs- und Dienstleistungen. Die Aufgaben der nachhaltigkeitsorientierten Produktpolitik umfasst die nachhaltige Ausrichtung der Produkte in Form von Innovation, Verbesserung, Differenzierung, Namensgebung, Serviceleistung und die Portfolioerweiterung.[106] Dabei ist zu untersuchen, inwieweit Nachhaltigkeit bei Produkten und Dienstleistungen zu zusätzlichen Erfolgen und zur Erreichung der Ziele führen.[107] In Bezug auf die Messewirtschaft können sich Messen anhand von drei Faktoren differenzieren:

- Zum einen sollte sich das *Messe-Konzept* von denen im Wettbewerb abheben.
- Zum anderen ist eine hochwertige *Produktqualität* anzustreben, welche wiederum über die Qualität der Aussteller, Besucher sowie den Inhalten der Messe erzielt werden kann.
- Die dritte Möglichkeit zur Differenzierung einer Messe besteht in der *Servicequalität*. Hierbei empfehlen sich die Zusammenarbeit mit

103 Vgl. Kotler, Armstrong, Wong, & Saunders, 2011, S. 121 f.
104 Vgl. Bruhn, Meffert, & Hadwich, 2015, S. 44 ff.
105 Spiller, Zühlsdorf, Schaltegger, & Petersen, 2007, S. 1.
106 Vgl. Bruhn, Meffert, & Hadwich, 2015, S. 170 f; Runia, Wahl, Geyer, & Thewißen, 2007, S.127 f.
107 Vgl. Balerjahn, 2004, S. 176 ff; Burschel, Losen, & Wiendl, 2004, S. 453 f.

professionellen Dienstleistern und Agenturen sowie die Einführung eines Qualitätsmanagements in Bezug auf die Prozesse und Abläufe des Messeteams.[108]

Bei der Zusammenarbeit mit Dienstleistern für eine nachhaltige Messe sollte darüber hinaus das Prinzip der Produktverantwortung, auch bekannt als „Product Stewardship" berücksichtigt werden.[109] Dieses Prinzip fordert von allen beteiligten Akteuren der Wertschöpfungskettekette eine übergreifende Übernahme der ökologischen, ökonomischen und sozialen Verantwortung[110] in Bezug auf Umsetzung und Vermarktung einer nachhaltigen Messe.[111]

3.4.2 Nachhaltigkeitsorientierte Preispolitik

Die Preispolitik umfasst alle unternehmerischen Maßnahmen, welche die monetäre Gegenleistung des Käufers für die angebotenen Sach- und Dienstleistungen beinhalten.[112] Die preispolitischen Instrumente dienen zur Steuerung und Regelung des Produkt- bzw. Dienstleistungspreises. Dazu gehören: die Preisgestaltung, Beschlüsse über Rabatte, Boni- oder Skonti-Gewährungen sowie Liefer- und Zahlungsbedingungen.[113] Die nachhaltigkeitsorientierte Preispolitik erweitert die klassische Preispolitik aufgrund der folgenden Beeinflussungen.[114]

- Aufgrund der zusätzlichen Aufnahme von Nachhaltigkeitsaktivitäten entsteht ein höherer Arbeitsaufwand bei der Messeorganisation.
- Nachhaltige Produkte werden meist mit höherwertigen Rohstoffen produziert, die wesentlich teurer sind. Dies führt dazu, dass die Produktkosten steigen und diese über den Preis finanziert werden müssen.
- Ein geringerer Spezialisierungsvorteil ist möglich, weil die nachhaltigen Messe-Konzepte auf jede Messe individuell angepasst werden müssen.

108 Vgl. Delfmann & Arzt, 2005, S. 121.
109 Vgl. Burschel, Losen, & Wiendl, 2004, S. 454 f.
110 Vgl. Kapitel 2.2.1.
111 Vgl. Balerjahn, 2004, S. 177.
112 Vgl. Spiller, Zühlsdorf, Schaltegger, & Petersen, 2007, S. 21.
113 Vgl. Bruhn, Meffert, & Hadwich, 2015, S. 337 f; Becker, 2006, S. 490 f; Runia, Wahl, Geyer, & Thewißen, 2007, S. 166 ff.
114 Vgl. Burschel, Losen, & Wiendl, 2004, S. 453 f.

- Kosten der kleinbetrieblichen Distribution entstehen, da nachhaltige Produkte häufig nur von regionalen Kleinbetrieben erworben werden können, wie z. B. beim Catering.
- Mehrkosten durch soziales Engagement, wie z. B. Kompensation, entstehen.
- Zertifizierungskosten und Zusatzkosten durch Qualitätssicherung entstehen.
- Bei höheren Preisen entsteht ein größeres Absatzrisiko.[115]

Des Weiteren beinhaltet die nachhaltigkeitsorientierte Preispolitik speziell bei Messen die ökonomische Dimension. Da der Preis für die jeweiligen Zielgruppen über den Erwerb eines Eintrittstickets bzw. über die Buchung eines Messestandes ein wesentliches Entscheidungskriterium ist, kommt es hierbei zu einer erschwerten Entscheidungsfindung. Grund hierfür ist die schnelle und oft deutliche Reaktion von Nachfragern und Wettbewerbern auf Preisänderungen.[116]

3.4.3 Nachhaltigkeitsorientierte Kommunikationspolitik

Die Ziele der nachhaltigkeitsorientierten Kommunikationspolitik sind zum einen die nachhaltige Botschaft der Messe *glaubwürdig* an die Zielgruppen zu transportieren und zum anderen *Aufmerksamkeit* im Hinblick auf die Nachhaltigkeitsaktivitäten zu erzeugen.[117] Zur Durchführung und Zielerreichung dieser Aktivitäten stehen der Kommunikationspolitik verschiedene Kommunikationsinstrumente zur Verfügung.[118] Im Folgenden werden die einzelnen Kommunikationsinstrumente erläutert und ihre Funktionen wiederum auf die Aspekte der Nachhaltigkeit bezogen.

115 Vgl. Spiller, Zühlsdorf, Schaltegger, & Petersen, 2007, S. 22 f.
116 Vgl. Burschel, Losen, & Wiendl, 2004, S. 455 f; Spiller, Zühlsdorf, Schaltegger, & Petersen, 2007, S. 21 f.
117 Vgl. Spiller, Zühlsdorf, Schaltegger, & Petersen, 2007, S. 43; Burschel, Losen, & Wiendl, 2004, S. 458 f; Balerjahn, 2004, S. 187.
118 Vgl. Becker, 2006, S. 486 ff; Lenz, 2014, S. 2.

Mediawerbung

Bei der Mediawerbung handelt es sich um eine unpersönliche Form der Massenkommunikation, die ausgewählte Zielgruppen anspricht und dabei die Nachhaltigkeits-Botschaft vermittelt.[119] Die Abstimmung des Nachhaltigkeits-Marketings mit Werbung in Print-, Fernseh- und Rundfunkmedien führt zu einer gegenseitigen Wirkungsverstärkung. Ankündigungen von Nachhaltigkeitsaktivitäten in der Mediawerbung erhöhen die Wahrscheinlichkeit, dass die Zielgruppen hiervon erfahren und begünstigen den Imagetransfer. Die Durchführung von Nachhaltigkeitsaktivitäten im Rahmen der Werbung erzeugt zusätzliche Aufmerksamkeit und stärkt die Glaubwürdigkeit.[120]

Direct Marketing

Zum Direct Marketing gehören alle Aktivitäten die durch eine direkte und individuell gestaltete Zielgruppenansprache erfolgen. Ziel ist es, einen Dialogprozess zur langfristigen Bindung des Kunden zu gestalten.[121] Die Integration von Nachhaltigkeit kann z. B. durch folgende B2B oder B2C Maßnahmen in der Messewirtschaft erfolgen: Direct Mailings, Telefon-, Mobile- oder Internetmarketing.[122]

Public Relations

Mit der Verwendung von Public Relations (PR) werden nachhaltige Messen positiv in den Blickwinkel der Öffentlichkeit gerückt.[123] Diesbezüglich sollte den Medien ausreichend Informationsmaterial zur Verfügung gestellt werden. Hierzu zählen z. B. Pressebroschüren und -konferenzen oder eigens erstelltes Bild- und Tonmaterial. Außerdem sollten die Nachhaltigkeitsaktivitäten aktiv in die Berichterstattung eingebunden werden. Weitere Möglichkeiten zur Einbindung von Nachhaltigkeit in die PR sind Einladungen der Medienvertreter, Journalisten,

119 Vgl. Spiller, Zühlsdorf, Schaltegger, & Petersen, 2007, S. 48.
120 Vgl. Runia, Wahl, Geyer, & Thewißen, 2007, S. 238.
121 Vgl. Becker, 2006, S. 538 f.; Runia, Wahl, Geyer, & Thewißen, 2007, S. 265 f.
122 Vgl. Aerni & Bruhn, 2012, S. 263 ff.; Bruhn, 2010, S. 247 f.
123 Vgl. Spiller, Zühlsdorf, Schaltegger, & Petersen, 2007, S. 48 f.

Shareholder und Multiplikatoren zur Veranstaltung oder Nebenveranstaltungen, wie Pressekonferenzen.[124]

Sponsoring

Das nachhaltigkeitsorientierte Sponsoring ist eine Form der Kommunikation in der, durch die Bereitstellung von Geld, Sachmittel oder sonstiger Leistungen, gesponserte Projekte oder Veranstaltungen im ökologischen und sozialen Bereich unterstützt werden.[125] Dies dient zum einen dem Gesponserten, um beispielsweise einen nachhaltigen Messeauftritt zu realisieren und zum anderen dem Sponsor, um sein Unternehmensimage und die Glaubwürdigkeit zu steigern.[126]

Event-Marketing

Beim Event-Marketing stehen Anbieter und Nachfrager im direkten und persönlichen Kontakt zueinander. Ziel des Event-Marketings ist es einen Face-To-Face Austausch zu ermöglichen, um dadurch mit einer definierten Zielgruppe in den Dialog zu treten.[127] Aufgrund des direkten Kontaktes mit der Zielgruppe und der Erzeugung von Aufmerksamkeit bietet Event-Marketing großes Potential bei der Vermittlung von nachhaltigen Botschaften. Auch die Glaubwürdigkeit wird mit Hilfe des Dialoges mit der Zielgruppe erzielt.[128]

Messen und Ausstellungen

Messen und Ausstellungen bieten Unternehmen eine Plattform für den direkten und persönlichen Austausch mit zahlreichen Kunden und Interessenten in relativ kurzer Zeit. Des Weiteren können Neuheiten präsentiert werden und die Produkte der Konkurrenten analysiert werden. Durch die Integration von Nachhaltigkeit bei Messen wird die nachhaltige Vermarktung der Produkte der Aussteller gefördert und es können zusätzliche Besucherkreise akquiriert werden.[129]

124 Vgl. Bruhn, 2010, S. 245 f; Runia, Wahl, Geyer, & Thewißen, 2007, S. 271.
125 Vgl. Spiller, Zühlsdorf, Schaltegger, & Petersen, 2007, S. 49.
126 Vgl. Balerjahn, 2004, S. 193.
127 Vgl. Runia, Wahl, Geyer, & Thewißen, 2007, S. 270 f.
128 Vgl. Spiller, Zühlsdorf, Schaltegger, & Petersen, 2007, S. 51.
129 Vgl. Becker, 2006, S. 538 f.; Bruhn, 2007, S. 435 ff.

Online-Kommunikation

Durch die steigende Verbreitung und Nutzung des Internets eröffnet die Online-Kommunikation durch ihre Interaktivität, Individualisierbarkeit, Multimedialität, Intensität und Vernetzung neue kommunikative Nutzungsmöglichkeiten.[130] Die Einbindung von Nachhaltigkeit erfolgt, beispielweise durch eine eigene Sektion „Nachhaltigkeit" im Rahmen des Internetauftritts oder zusätzliche Verlinkungen durch Hyperlinks auf CO2-Rechner oder Mobilitätsplattformen. Im Rahmen der stark wachsenden neuen Medien des Kommunikationsinstrumentes können Nachhaltigkeitsaktivitäten über Facebook-, Twitter- oder Xing-Seiten kommuniziert werden.[131]

Mitarbeiter-Kommunikation

Die Integration der Nachhaltigkeit in die Mitarbeiter-Kommunikation kann durch Einladung der Mitarbeiter zu Branchenplattformen, die sich mit dem Thema Nachhaltigkeit in der Messewirtschaft befassen, geschehen. Des Weiteren können Schulungen, wie z. B. die „Weiterbildung zum Nachhaltigkeitsbeauftragten in der Veranstaltungsbranche" angeboten werden. Darüber hinaus sind Werksbesichtigungen der Mitarbeiter z. B. bei Druckereien eine weitere Option um einen Einblick in die CO2-Freundliche Herstellung von Werbematerialien zu geben.[132]

3.4.4 Nachhaltigkeitsorientierte Distributionspolitik

Die nachhaltigkeitsorientierte Distributionspolitik umfasst die Analyse, Planung, Umsetzung und Kontrolle der distributiven Nachhaltigkeitsaktivitäten.[133] Die distributiven Entscheidungen betreffen den gesamten Weg eines Produktes oder einer Dienstleistung von der Herstellung bis zur Endabnahme des Kunden sowie die spätere Entsorgung.[134] Zu den Aufgaben der nachhaltigkeitsorientierten Distributionspolitik gehören:

130 Vgl. Bauer & Neumann, 2002, S. 4 ff.
131 Vgl. Aerni & Bruhn, 2012, S. 263; Runia, Wahl, Geyer, & Thewißen, 2007, S. 272 ff.
132 Vgl. Aerni & Bruhn, 2012, S. 263 ff.
133 Vgl. Balerjahn, 2004, S. 194 f.
134 Vgl. Spiller, Zühlsdorf, Schaltegger, & Petersen, 2007, S. 32.

- Bereitstellung einer emissionsarmen Logistik, z. B. durch die bevorzugte Nutzung von Bahn und Schiffswegen, durch optimierte Lagerhaltung und durch Bündelung von Warenströmen.
- Logistische Entscheidungen bezüglich Transportverpackung, Verwendung von Mehrwegsystemen und der Standortwahl, um kurze Transportwege zu garantieren.
- Bestellmöglichkeiten über das Internet, um Katalogmaterial und Wegstrecke zu sparen sowie Warenlieferungen zu bündeln.
- Auswahl von nachhaltig zertifizierte Händlern sowie Absatzmittlern und -helfern.[135]

3.4.5 Nachhaltigkeitsorientierte Personalpolitik

Die Personalpolitik umfasst die Gestaltung, Implementierung und Weiterentwicklung aller auf die humanen Ressourcen einer Veranstaltung gerichteten Aktivitäten.[136] In Bezug auf den Aspekt der Nachhaltigkeit liegt der Fokus auf einer sozialen und gerechten Bereitstellung, Erhaltung und Weiterentwicklung der Mitarbeiter.[137] Hierzu zählt ebenfalls eine marktgerechte Entlohnung sowie Arbeitszeiten, die sich an die Work-Life-Balance anpassen lassen.[138]

Der Personalpolitik ist ein hoher Stellenwert bei Veranstaltungen zuzuordnen, da der Erfolg einer Dienstleistung zum wesentlichen Teil von dem Personal abhängt. Resultierend daraus ist ebenfalls die *Einstellung der Mitarbeiter* zum Thema Nachhaltigkeit von großer Bedeutung. Um die Einstellung im Sinne der Nachhaltigkeit zu prägen, können z. B. Mitarbeiter-Schulungen zur Nachhaltigkeit angeboten werden.[139]

135 Vgl. Spiller, Zühlsdorf, Schaltegger, & Petersen, 2007, S. 33 f; Balerjahn, 2004, S. 195 ff.
136 Vgl. Kramer & Somrau, 2014, S. 43 ff.
137 Vgl. Spiller, Zühlsdorf, Schaltegger, & Petersen, 2007, S. 35 ff.
138 Vgl. Aerni & Bruhn, 2012, S. 263 ff.
139 Vgl. Kapitel 3.4.3 Unterpunkt Mitarbeiter-Kommunikation.

3.4.6 Nachhaltigkeitsorientierte Prozesspolitik

Ziel der Prozesspolitik ist es, die vorhandenen Verfahren, Tätigkeitsflüsse und Workflowprozesse zu optimieren und kundenfreundlich zu gestalten.[140] Bei der nachhaltigkeitsorientierten Prozesspolitik liegt der Fokus der Optimierung auf den Faktoren der Nachhaltigkeit.[141] Ziele der nachhaltig optimierten Prozesse sind beispielsweise:

- Ausrichtung der internen Leistungsprozesse auf Nachhaltigkeitsvorgaben.
- Interne Durchsetzung nachhaltigkeitsorientierten Denkens.
- Qualitätskontrolle, um Fehlerquellen zu vermeiden, welche wiederum einer zusätzlichen Ressourcenverschwendung vorbeugt.[142]

3.4.7 Nachhaltigkeitsorientierte Ausstattungspolitik

Bei der nachhaltigkeitsorientierten Ausstattungspolitik geht es darum, welche *physikalische Ausstattung* vorhanden sein sollte, um eine Dienstleistung im Sinne der Nachhaltigkeitsziele zu erbringen.[143] Ziel dieses Marketinginstruments ist es, die festgelegten Nachhaltigkeits-Themen, -Botschaften und -Aufgaben der Dienstleistung ebenfalls in Form der *äußerlichen Gestaltung* widerzuspiegeln und die Dienstleistungsqualität dadurch zu verstärken.[144] Bezogen auf nachhaltige Messen können z. B. die inhaltliche Gestaltung und das Catering im Sinne der Nachhaltigkeit organisiert sein. Doch wenn der Veranstaltungsort, die äußerliche Gestaltung der Messe und der Messestände nicht an die Nachhaltigkeitsbemühungen angepasst sind, werden sich die Besucher trotz einer qualitativ hochwertig erbrachten Dienstleistung nicht wie auf einer nachhaltigen Messe fühlen. Die nachhaltigkeitsorientierte Ausstattungspolitik vervollständigt somit durch die äußerliche Anpassung das ganzheitliche Konzept einer nachhaltigen Messe.

---

140 Vgl. Kramer & Somrau, 2014, S. 171 f.
141 Vgl. Balerjahn, 2004, S. 194 f.
142 Vgl. Spiller, Zühlsdorf, Schaltegger, & Petersen, 2007, S. 12.
143 Vgl. Spiller, Zühlsdorf, Schaltegger, & Petersen, 2007, S. 13.
144 Vgl. Kramer & Somrau, 2014, S. 519 ff.

4 Modell zur Umsetzung und Vermarktung von nachhaltigen Messen

Das in Kapitel 2.3 erarbeitete Nachhaltigkeitsdreieck für Messen und das in Kapitel 3.1.2 erarbeitete Dreieck des Nachhaltigkeits-Marketings werden nun miteinander fusioniert. Wie in der folgenden Darstellung zu sehen ist, entsteht hierdurch ein messespezifisches Modell zur Umsetzung und Vermarktung von nachhaltigen Messen.

Das in Abbildung 7 dargestellte Modell zur Umsetzung und Vermarktung einer nachhaltigen Messe gliedert sich in zwei wesentliche Bestandteile, welche auf folgendem Zitat von Walter Fisch basieren. „Tue Gutes und rede darüber." Hierbei steht der grün markierte Teil des Zitates „Tue Gutes" für die Umsetzung einer nachhaltigen Messe. Der blau markierte Teil „und rede darüber" steht für die Vermarktung der nachhaltigen Messe.

Inhaltlich berücksichtigt und verknüpft das Modell alle in diesem Beitrag herausgestellten Kapitel miteinander:

- Die ganzheitliche Betrachtungsweise der ökologischen, ökonomischen und sozialen Dimension in Anlehnung an die Nachhaltigkeitsdefinition,[145]
- die Beweggründe und Ziele einer nachhaltigen Messe,[146]
- die zehn Handlungsfelder zur Umsetzung einer nachhaltigen Messe, welche wiederum als Maßnahmen zur Erreichung der gesetzten Ziele fungieren,[147]
- die nachhaltigkeitsorientierte Marketinganalyse,[148]
- die nachhaltigkeitsorientierten Marketingziele,[149]
- sowie die Maßnahmen des nachhaltigkeitsorientierten Marketing-Mix[150]

und verknüpft alle Komponenten miteinander.

145 Vgl. Kapitel 2.1.
146 Vgl. Kapitel 2.2.3.
147 Vgl. Kapitel 2.2.4.
148 Vgl. Kapitel 3.2.
149 Vgl. Kapitel 3.3.
150 Vgl. Kapitel 3.4.

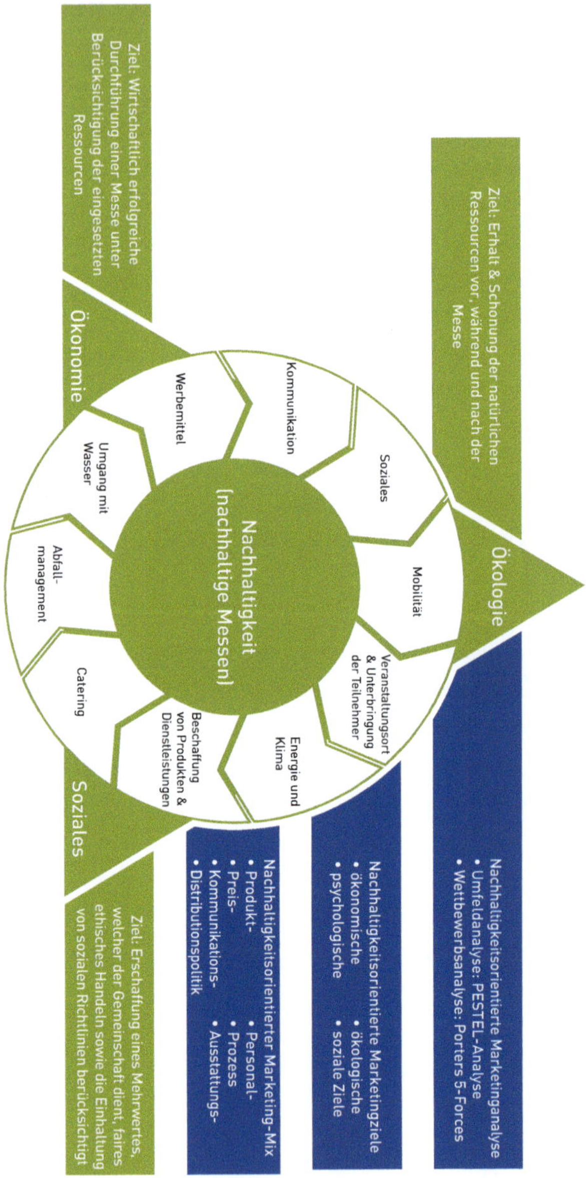

Abbildung 7: Modell zur Umsetzung und Vermarktung von nachhaltigen Messen

5 Fazit

Zusammengefasst unterteilt sich die Anwendung des Modells zur Umsetzung und Vermarktung von nachhaltigen Messen in folgende Schritte.

1. Zuerst sollten Sie anhand einer *nachhaltigkeitsorientierten Marketinganalyse* das Umfeld sowie den Wettbewerb Ihrer Messe analysieren. Bei der Umfeldanalyse in Form der *PESTEL-Analyse* aus Kapitel 3.2.1 wird untersucht, ob Nachhaltigkeit in der Branche Ihrer Messe relevant ist. Die Wettbewerbsanalyse in Form von *Porters-5-Forces* aus Kapitel 3.2.2 zeigt auf, ob Sie mit einer nachhaltigen Messe eine positive Wettbewerbspositionierung erzielen können.

2. Danach sollten Sie ihre konkreten *Ziele/Beweggründe* aus Kapitel 2.2.3 für eine nachhaltige Messe mit den *nachhaltigkeitsorientierten Marketingzielen* aus Kapitel 3.3 abstimmen. Hierbei gilt es zu untersuchen, ob eine nachhaltige Messe Ihre Ziele positiv beeinflussen kann.

Sofern die Ergebnisse des ersten und zweiten Schrittes positiv im Sinne der Nachhaltigkeit (ökonomisch, ökologisch, sozial) für Ihrer Messe ausfallen, empfiehlt sich eine Umsetzung und Vermarktung als nachhaltige Messe für Ihr Projekt.

3. Im dritten Schritt sollten Sie somit anhand der *zehn Handlungsfelder zur Umsetzung einer nachhaltigen Messe* aus Kapitel 2.2.4 die konkreten Umsetzungsmöglichkeiten für Ihre Messe festlegen.

4. Im vierten Schritt sollten Sie Ihre Vermarktungsmaßnahmen anhand der *sieben Marketinginstrumente des nachhaltigkeitsorientierten Marketing-Mixs* aus Kapitel 3.4 anwenden und somit Ihre nachhaltige Messe vermarkten.

Das Modell zur Umsetzung und Vermarktung soll als messespezifische Orientierungshilfe bei der Konzeption, Planung und Durchführung von nachhaltigen

Messen dienen. Ein ausführlicher **Leitfaden zur Umsetzung und Vermarktung von nachhaltigen Messen** mit über 180 Umsetzungskriterien in zehn Handlungsfeldern und vorgefertigten Templates für die PESTEL-Analyse, sowie Porters-5-Forces und den Vermarktungsmaßnahmen nach den sieben Marketinginstrumenten können Sie bei dem Autor Florenz Meier anfragen.

Abschließend ist jedoch zu erwähnen, dass Nachhaltigkeitsaktivitäten nicht mit der Erfüllung von Leitfäden, Checklisten oder Zertifizierungen enden dürfen.[151] Die Mitarbeiter und Dienstleister einer nachhaltigen Messe sollten vielmehr in Zusammenarbeit mit ihren Ausstellern und Besuchern individuelle und an das Messe-Konzept angepasste Lösungsansätze im sozialen, ökologischen und ökonomischen Bereich entwickeln. Hierdurch werden alle Akteure der Messe für das Thema Nachhaltigkeit sensibilisiert und erarbeiten auf langfristige Sicht gemeinsam eine nachhaltige Wertschöpfungskette. Mit diesem nachhaltigkeitsorientierten Bewusstsein kann sich Nachhaltigkeit irgendwann zur Selbstverständlichkeit in der MICE-Branche entwickeln und eventuell muss in fünf bis zehn Jahren kein Beitrag mehr zu diesem Thema verfasst werden.

151 Vgl. Falkowski, 2015.

Literaturverzeichnis

Belz, F.-M., & Bilharz, M. (2005). Nachhaltigkeits-Marketing in Theorie und Praxis. Wiesbaden: DUV-Verlag.

4 Managers. (2014). 4 Managers. Abgerufen am 15. Juli 2015 von Corporate Social Responsibility (CSR): http://4managers.de/management/themen/corporate-social-responsibility/

Balerjahn, I. (2004). Nachhaltiges Marketing-Management: Möglichkeiten einer umwelt- und sozialverträglichen Unternehmenspolitik (1. Ausg.). Stuttgart: Lucius & Lucius Verlagsgesellschaft mbH.

Becker, J. (2006). Marketing-Konzeption: Grundlagen des ziel-strategischen und operativen Marketing-Managements (8. überarbeitete und erweiterte Ausg.). München: Vahlen Verlag.

Belz, F.-M. (2003). Nachhaltigkeits-Marketing: Kundenmehrwert durch Motivallianzen. In F.-M. Belz, Nachhaltigkeitsmarketing: Grundlagen & Potentiziale (S. 5-19). St. Gallen: Deutscher Universitäts-Verlag.

Beys, K. (2013). Deutscher Bundestag 2013: Instrumentarien der Nachhaltigkeit: Besonders die Umsetzung des Aktionsprogramms der Agenda 21. (A. Stiftung, Hrsg.)

BMU. (03. Dezember 2014). Aktionsprogramm Klimaschutz 2020: Kabinettsbeschluss vom 3. Dezember 2014. (N. B. Bundesministerium für Umwelt, Hrsg.) Abgerufen am 06. Juli 2015 von Bundesministerium für Umwelt, Naturschutz, Bau und Reaktorsicherheit: http://www.bmub.bund.de/fileadmin/Daten_BMU/Download_PDF/Aktionsprogramm_Klimaschutz/aktionsprogramm_klimaschutz_2020_broschuere_bf.pdf

BMU. (April 2009). Leitfaden: Einführung eines Energie- und Umweltmanagementsystems bei nationalen und internationalen Großveranstaltungen. (N. B. Bundesministerium für Umwelt, Hrsg.) Abgerufen am 09. Juli 2015 von Bundesministerium für Umwelt, Naturschutz, Bau und Reaktorsicherheit (BMU): http://www.

umweltbundesamt.de/sites/default/files/medien/378/publikationen/leitfaden_fuer_die_nachhaltige_organisation_von_veranstaltungen.pdf

Brugger, F. (2010). Nachhaltigkeit in der Unternehmenskommunikation: Bedeutung, Charakteristika und Herausforderungen (1. Ausg.). Wiesbaden: Gabler Verlag.

Bruhn, M. (2015). Kommunikationspolitik: Systematischer Einsatz der Kommunikation für Unternehmen (8 überarbeitete Ausg.). München: Franz Vahlen Verlag.

Bruhn, M., Meffert, H., & Hadwich, K. (2015). Dienstleistungsmarketing: Grundlagen - Konzepte – Methoden (8. Ausg.). Wiesbaden: Gabler.

Burschel, C., Losen, D., & Wiendl, A. (2004). Betriebswirtschaftslehre der Nachhaltigen Unternehmung (1. Ausg.). (D. Burschel, Hrsg.) München: Oldenbourg Wissenschaftsverlag.

Carlowitz, H. C. (2013). Sylvicultura oeconomica: oder Haußwirthliche Nachricht und naturmäßige Anweisung zur wilden Baum-Zucht. (J. Hamberger, Hrsg.) München: Oekom Verlag.

Colsman , B. (18. September 2014). Corporate Sustainability - Sustainability Controlling. Abgerufen am 15. Juli 2015 von Controlling.Portal.de: http://www.controllingportal.de/Fachinfo/Konzepte/Corporate-Sustainability-Sustainability-Controlling.html

Delfmann, W., & Arzt, R. (2005). Möglichkeiten zur Generierung von Wettbewerbsvorteilen bei Messegesellschaften. In W. Delfmann, R. Kohler, & L. Müller-Hagedorn, Kölner Kompendium der Messewirtschaft: das Management von Messegesellschaften. Köln: Kölner Wirtschaftsverlag.

DGNB. (Februar 2015). Green Meetings: Vom Modethema zum Prägenden Trend. (C. International, Hrsg.) Convention International .

Dichtl, E., Nieschlag, R., & Hörschgen, H. (2002). Marketing (19. überarbeitete und ergänzte Ausg.). Berlin: Dunker & Humbolt.

EITW. Meeting- & EventBarometer Deutschland 2013/2014: Die Deutschland-Studie des Kongress- und Veranstaltungsmarktes. Europäisches Institut für TagungsWirtschaft GmbH (EITW). Frankfurt am Main: 2014.

EVVC. (o. J.). EVVC / Green Globe. (EVVC, Herausgeber) Abgerufen am 06. Juli 2015 von Europäischer Verband der Veranstaltungs-Centren e.V.: http://www.evvc.org/de/engagement/evvc-greenglobe/

EVVC. (03. Juni 2015). Wachstumsmarkt „Veranstaltungswirtschaft". Abgerufen am 14. Juli 2015 von Aktuelles: http://www.evvc.org/de/aktuelles/news-der-mitglieder/wachstumsmarkt-veranstaltungswirtschaft-potentiale-fuer-schleswig-holstein.html

EXPO 2017. (2015). EXPO 2017: Future Energy . Abgerufen am 26. August 2015 von https://expo2017astana.com/en/

Frank, K., & Patrizi, M. (2014). Nachhaltigkeitsaspekte im Marketing-Mix der Automobilindustrie (1. Ausg.). Köln: JOSEF EUL VERLAG GmbH.

GCB . (o. J.). CO2 Rechner für Meetings und Events. (G. C. e.V., Herausgeber) Abgerufen am 06. Juli 2015 von GCB: Green Meetings: http://www.gcb.de/de/green-neu/co2-rechner

GCB. (2012). Leitsätze von fairpflichtet. (G. C. V., Herausgeber) Abgerufen am 06. Juli 2015 von fairpflichtet: http://www.fairpflichtet.de/leitsatze/

Green Globe Certification. (2014). Green Globe Zertifizierung der Karlsruher Messe- und Kongress GmbH: Certificate Number: EU00178C-2014. Los Angeles.

Green Music Initiative. (15. Mai 2015). Eurovision Song Contest als Green Eevent: ESC 2015 – Nachhaltig, ökologisch, grün. Abgerufen am 06. Juli 2015 von greenmusicinitiative: http://www.greenmusicinitiative.de/projects/6471-2/

Große Ophoff, M. (2013). Green Meetings. In M. Dinkel, S. Luppold, & C. Schröer, Handbuch Messe-, Kongress- und Eventmanagement (1. Ausg., S. 113-116). Sternenfels: Verlag Wissenschaft & Praxis.

Grunwald, A., & Kopfmüller, J. (2012). Nachhaltigkeit (2. akualisierte Ausg.). Frankfurt am Main: Campus Verlag GmbH.

Hauff, M. (2014). Nachhaltige Entwicklung: Grundlagen und Umsetzung (2. Ausg.). München: Oldenbourg Wissenschaftsverlag GmbH.

Hauff, M., & Jörg, A. (2013). Nachhaltiges Wachstum. München: Oldenbourg Wissenschaftsverlag.

Heinrichs, H., & Michelsen, G. (2014). Nachhaltigkeitswissenschaften. (G. Michelsen, Hrsg.) Berlin. Heidelberg: Springer-Verlag.

Horacek, R. (15. Mai 2015). Eurovision Song Contest – erstmals als Green Event. Abgerufen am 06. Juli 2015 von ORF Aktuelle Themen: http://www.ots.at/presseaussendung/OTS_20150216_OTS0074/eurovision-song-contest-erstmals-als-green-event

Jörissen, J., Brandl, V., Kopfmüller, J., & Paetau, M. (Juni 2000). Ein integratives Konzept nachhaltiger Entwicklung: Der theoretisch-konzeptionelle Ansatz des HGF-Verbundprojekts. (Forschungszentrum Karlsruhe, Hrsg.) Global zukunftsfähige Entwicklung - Perspektiven für Deutschland (2.), S. 35-42.

Jedrowiak, J. (2005). Markenstratege für Messegesellschaften. In W. Delfmann, R. Köhler, & L. Müller-Hagedorn, Kölner Kompendium der Messewirtschaft: Das Management von Messegesellschaften (S. 251-274). Köln: Kölner Wissenschaftsverlag.

Johnson, G., Scholes, K., & Whittington, R. (2011). Strategisches Management - Eine Einführung: Analyse, Entscheidung und Umsetzung (9. aktualisierte Ausg.). o. A.: Pearson Studium.

König, J. (2015). greenmeetings und event Konferenz: Plattform für die Entwicklung neuer Ideen. EXPODATA: Live-Kommunikation (6/15), 32-33.

Kirchgeorg, M. (2002). Nachhaltigkeits-Marketing: Integration bestehender Erkenntnisse oder konzeptionelle Erweiterung? UmweltWirtschaftsForum (UWF) , 10 (4), 4-8.

Kirchgeorg, M., & et al. (2003). Handbuch Messemanagement: Planung, Durchführung und Kontrolle von Messen, Kongressen und Events (1. Ausg.). Wiesbaden: Gabler.

Kleine, A. (2009). Operationalisierung einer Nachhaltigkeitsstrategie: Ökologie, Ökonomie und Soziales integrieren (1. Ausg.). Wiesbaden: Springer-Verlag.

Kopfmüller, J., Brandl, V., Jörissen, J., Paetau, M., Banse, G., Coenen, R., et al. (2001). Nachhaltige Entwicklung integrativ betrachtet. Konstitutive Elemente, Regeln, Indikatoren. Berlin: Ed. Sigma.

Kotler, P., Armstrong, G., Wong, V., & Saunders, J. (2011). Grundlagen des Marketing (5. aktualisierte Ausg.). München: Pearson.

Kramer, J. W., & Somrau, R. (2014). Dienstleistungsmarketing, Kommunikationspolitik und Tourismus (1. Ausg.). Bremen: EHV Academicpress.

Krupp, A. D. (2013). Unternehmensplanung und Kontrolle: Kompakt. Norderstedt: Books of Demand.

Kuhlen, B. (2005). Corporate Social Responsibility: Die ethische Verantwortung von Unternehmen für Ökologie, Ökonomie und Soziales, Entwicklung Initiativen, Berichterstattung, Bewertung. Baden-Baden: Deutscher Wissenschaftsverlag.

Lenz, E. (2014). Sponsoring als Instrument der Marketing-Kommunikation. Hamburg: Bachelor + Master Publishing.

Loew, T., & Rohde, F. (2013). CSR und Nachhaltigkeitsmanagement: Definitionen, Ansätze und organisatorsiche Umsetzung im Unternehmen. Institut of Sustainability.

Lucas, R., & Wilts, H. (November 2004). Events für Nachhaltigkeit: Ein neues Geschäftsfeld für die Eventwirtschaft. Abgerufen am 14. Juli 2015 von Wuppertal Papers Nr. 149: https://www.econstor.eu/dspace/bitstream/10419/21836/1/WP149.pdf

Lucas, R., Bloom, C., Holger, D., Dienel, P., Fiedler, S., Gunderlach , R., et al. (2007). Zukunftsfähiges Eventmarketing: Strategien, Instrumente, Beispiele (1. Ausg.). (R. Lucas, Hrsg.) Berlin: Erich Schmidt Verlag GmbH & Co.

Meffert, H., Burmann, C., & Kirchgeorg, M. (2015). Marketing: Grundlagen marktorientierter Unternehmensführung - Konzepte, Instrumente, Praxisbeispiele (12. Ausg.). Wiesbaden: Gabler.

Messe Frankfurt Exhibition GmbH. (2015). Fields of Ideas. Abgerufen am 11. August 2015 von German Pavilion: https://expo2015-germany.de/de/

MICE Club, & Brehm, F. (06. Juni 2015). Österreich: 12 Punkte für den ESC als Green Event. Abgerufen am 06. Juli 2015 von MICE-Club: http://www.mice-club.com/magazin/artikel/oesterreich-12-punkte-fuer-den-esc-als-green-event

Michel, S. (2012). Marketingkonzept: Grundlagen mit zahlreichen Beispielen, Repetitionsfragen mit Antworten und Glossar (4. überarbeitete Ausg.). Zürich: Swiss Marketing.

Neureiter, M. (2004). Corporate Social Responsibility: Leitlinien und Konzepte im Management der gesellschaftlichen Verantwortung von Unternehmen. (P. Köppl, Hrsg.) Wien: Linde Verlag.

Oblasser, C., & Riediger, M. (2015). Nachhaltiges Veranstaltungsmanagement mit Strategie (1. Ausg.). (S. Luppold, Hrsg.) Sternenfels: Verlag Wissenschaft & Praxis.

Pepels, W. (2004). Marketing: Lehr- und Handbuch (4. Ausg.). München: Oldenbourg Wissenschafts Verlag GmbH.

Porter, M. E. (1980). Competitive Strategy. New York: o. A.

Prexl, A. (2010). Nachhaltigkeit kommunizieren - nachhaltig kommunizieren: Analyse des Potenzials der Public Relations für eine nachhaltige Unternehmens- und Gesellscahftsentwicklung (1. Ausg.). Wiesbaden: VS Verlag für Sozialwissenschaften | Springer Fachmedien GmbH.

Pufé, I. (2014). Nachhaltigkeit (2. überarbeitete und erweiterte Ausg.). Konstanz und München: UKV Verlagsgesellschaft mbH.

Robertz, G. (1999). Strategisches Messemanagement im Wettbewerb: Ein markt-, ressourcen- und koalitionsorientierter Ansatz. Wiesbaden: Springer Fachmedien.

Runia, P., Wahl, F., Geyer, O., & Thewißen, C. (2007). Marketing: Eine Prozess- und praxisorientierte Einführung (2. Ausg.). München: Oldenbourg .

Schmied, M., Götz, K., & Kreilkamp, E. Traumziel Nachhaltigkeit: Innovative Vermarktungskonzepte nachhaltiger Tourismusangebote für den Massenmarkt (1. Ausg.). Heidelberg: Physica-Verlag.

Schreiber, M.-T. (2012). Kongresse, Tagungen, Events: Potentiale, Strategien und Trends der Veranstaltungswirtschaft (1. Ausg.). (M.-T. Schreiber, Hrsg.) München: Oldenbourg Wissenschaftsverlag GmbH.

Spiller, A., Zühlsdorf, A., Schaltegger, S., & Petersen, H. (2007). Nachhaltigkeitsmarketing: Gestaltung & Einsatz der Marketing-Instrumente. Lüneburg: Sustainament Sustainability Management.

Spindler, E. (o. A.). Geschichte der Nachhaltigkeit: Vom Werden und Wirken eines beliebten Begriffs. Abgerufen am 20. Juli 2015 von Lexikon der Nachhaltigkeit: https://www.nachhaltigkeit.info/artikel/1_3_a_drei_saeulen_modell_1531.htm

Witt, J. (2005). Wettbewerbssituation in Deutschland und weltweit. In W. Delfmann, R. Köhler, & L. Müller-Hagedorn, Kölner Kompendium der Messewirtschaft: Das Management von Messegesellschaften (1. Ausg., S. 3-28). Köln: Kölner Wissenschaftsverlag.

Die Autoren

Tanja Durke

Bachelor of Arts im Bereich BWL – Messe-, Kongress- und Eventmanagement an der dualen Hochschule Baden-Württemberg Ravensburg in Kooperation mit der Rostocker Messe- und Stadthallengesellschaft mbH. Seit April 2016 ist sie Key Account Managerin bei der Kreativagentur 1punkt7 in Neubrandenburg. Zuvor leitete sie die Abteilungen Guest Relation und Marketing/Vertrieb im Iberotel Fleesensee.

Lisa Tatjana Fischer

Bachelor of Arts in BWL – Fachrichtung Messe-, Kongress- und Eventmanagement an der Dualen Hochschule Baden-Württemberg in Ravensburg in Kooperation mit der Messe Frankfurt GmbH. Unterstützung der Personalrekrutierung für den Deutschen Pavillon auf der EXPO 2015 in Mailand als Anlass für den vorliegenden wissenschaftlichen Beitrag.

Seit Oktober 2015 tätig in der Unternehmenskommunikation der Messe Frankfurt GmbH als Projektmanagerin in der Abteilung Corporate Marketing & Stakeholder Relations.

Camille Kehr

Bachelor of Arts im Bereich BWL – Messe-, Kongress- und Eventmanagement an der Dualen Hochschule Baden-Württemberg Ravensburg in Kooperation mit der solutioncube GmbH.

Seit 2015 Project Managerin in der Messeplanung bei der Festool GmbH in Wendlingen. Finalistin beim „Messe-Impuls-Preis 2014“, ausgelobt vom Fachverband Messen und Ausstellungen (FAMA).

Florenz Meier

Bachelor of Arts im Bereich BWL – Messe-, Kongress- und Eventmanagement an der Dualen Hochschule Baden-Württemberg Ravensburg in Kooperation mit der Karlsruher Messe- und Kongress-GmbH. Seit 2015 Account Manager bei der Gahrens und Battermann GmbH. Gewinner des „Messe-Impuls-Preis 2015“, ausgelobt vom Fachverband Messen und Ausstellungen (FAMA).

Christina Schwenkel

Bachelor of Science mit Fachrichtung BWL/International Business an der Hochschule Pforzheim und IQS University of Management in Barcelona. Praktika und Nebentätigkeiten führten zur Auseinandersetzung mit dem Themenfeld und Interesse an Messen. Finalistin beim Messe-Impuls-Preis 2015 des Fachverband Messen und Ausstellungen (FAMA), seit 2015 Projektmanagerin bei der Wirtschaftsfördergesellschaft Baden-Württemberg International im Bereich Internationale Messen.